Michael Wiafe-Kwagyan
George T. Odamtten, Mary Obodai
Ebenezer Owusu

Gestão de resíduos de arroz (Oryza sativa) no Gana com cogumelos ostra

AF376479

Michael Wiafe-Kwagyan
George T. Odamtten, Mary Obodai
Ebenezer Owusu

Gestão de resíduos de arroz (Oryza sativa) no Gana com cogumelos ostra

ScienciaScripts

Imprint

Any brand names and product names mentioned in this book are subject to trademark, brand or patent protection and are trademarks or registered trademarks of their respective holders. The use of brand names, product names, common names, trade names, product descriptions etc. even without a particular marking in this work is in no way to be construed to mean that such names may be regarded as unrestricted in respect of trademark and brand protection legislation and could thus be used by anyone.

Cover image: www.ingimage.com

This book is a translation from the original published under ISBN 978-620-2-02234-7.

Publisher:
Sciencia Scripts
is a trademark of
Dodo Books Indian Ocean Ltd. and OmniScriptum S.R.L publishing group

120 High Road, East Finchley, London, N2 9ED, United Kingdom
Str. Armeneasca 28/1, office 1, Chisinau MD-2012, Republic of Moldova, Europe
Printed at: see last page
ISBN: 978-620-7-95359-2

O Dr. Wiafe-Kwagyan licenciou-se em B.Sc. e M.Phil. Botânica (Micologia e Patologia Vegetal) na Universidade do Gana, em Legon, em 2007 e 2011, respetivamente. Tem um doutoramento em Botânica (Biotecnologia de Cogumelos) pela Universidade de Ghana Legon. É professor/ investigador, revisor e membro do conselho editorial de várias revistas internacionais com revisão por pares.

O Professor George T. Odamtten obteve o mestrado em 1977 na Universidade do Gana e o doutoramento na Universidade Agrícola e Centro de Investigação de Wageningen em 1986. Tem leccionado Micologia e Patologia Vegetal na Universidade do Gana, onde é Professor desde 1991. O Prof. Odamtten é membro da Academia de Artes e Ciências do Gana e atualmente editor-chefe do Ghana Journal of Science.

A Dra. Mary Obodai licenciou-se em MPhil, na Universidade do Gana, em 1992, e doutorou-se na Universidade de Nottingham, no Reino Unido, em 2006. É atualmente Investigadora Principal e Directora do Instituto de Investigação Alimentar, CSIR Gana, onde trabalha há 25 anos. A Dra. Obodai é membro da Sociedade Mundial de Biologia e Produtos de Cogumelos e da Sociedade Internacional para a Conservação dos Fungos.

O Dr. Ebenezer Owusu tem um doutoramento em microbiologia/patologia vegetal. Atualmente, é Professor Sénior no Departamento de Biologia Vegetal e Ambiental da Universidade do Gana. Foi professor a tempo parcial no Departamento de Saúde Comunitária da Faculdade de Medicina da Universidade do Gana, no Colégio de Pessoal das Forças Armadas do Gana, em Teshie - Accra e na

Universidade de Saúde e Ciências Aliadas, em Ho. É membro de muitas associações científicas e tem publicações em muitas revistas especializadas.

ÍNDICE DE CONTEÚDOS

1.0 INTRODUÇÃO

Zhang (2008) afirmou que, anualmente, cerca de 200 mil milhões de toneladas de matéria orgânica são produzidas a nível mundial através do processo fotossintético. A produção agroflorestal e o processamento agroindustrial resultam numa enorme acumulação de resíduos de gado, resíduos de culturas agrícolas e subprodutos agro-industriais. A maior parte destes resíduos é biomassa lenhinocelulósica, causando problemas crescentes de eliminação e potencialmente graves de poluição ambiental (Kuhad et al., 1997). No entanto, a maior parte desta matéria orgânica não é diretamente consumida pelos seres humanos e pelos animais, constituindo assim uma fonte de problemas de poluição ambiental. A produção mundial de resíduos de culturas está estimada em cerca de 4 mil milhões de toneladas por ano; desta quantidade, 75% provém de cereais (Lal, 2008). O arroz, o segundo maior cereal produzido no mundo, é um alimento básico fundamental para cerca de metade da população mundial, fornecendo 20% das calorias consumidas em todo o mundo (FAOSTAT, 2011; USDA- ERS, 2011). Estima-se que a maior parte do futuro aumento da produção de arroz ocorrerá na Ásia e em África, onde a população depende dos cereais, especialmente do arroz, como alimento de base. O arroz é considerado o segundo cereal mais importante como alimento básico no Gana, a seguir ao milho (MoFA, 2009). Em 2010, o arroz foi o 10th produto agrícola no Gana em termos de valor de produção, tendo ficado em 8° lugar em termos de quantidade de produção no período 2005-2010 (MoFA, 2010). Ocupa cerca de 4% da área total de culturas colhidas, embora represente cerca de 45% da área total plantada de cereais (MoFA, 2009). Para além de ser um alimento básico principalmente para as populações urbanas com rendimentos elevados, o arroz é também uma importante cultura de rendimento nas comunidades em que é produzido. Entre 2005 e 2010, o Gana classificou-se entre os 50 maiores produtores de arroz do mundo, saindo da lista apenas em 2007 (FAOSTAT, 2010). Quando o arroz é colhido, é comummente designado por arroz em casca. Este é o nome dado ao arroz não descascado com a sua casca protetora no lugar. Os subprodutos do cultivo e processamento do arroz dão origem a muitos produtos novos e valiosos. A casca de arroz, o restolho de arroz, a sêmea de arroz, as trincas de arroz e a palha de arroz são utilizados como ingredientes comuns em produtos hortícolas, pecuários, industriais, domésticos, de construção e alimentares. A casca de arroz também é utilizada de três (3) formas principais: a casca em bruto é utilizada para a cama de animais, para o cultivo de plântulas e para melhorar a cobertura vegetal de jardins. Também é queimada para a produção de cinzas, que são valiosas para muitas indústrias, incluindo a siderurgia, a jardinagem e a construção (Rice FactSheet, 2016; RGA, 2017). Além disso, a casca de arroz misturada e processada pode ser utilizada como alimento para animais, misturas para vasos e camas para animais de estimação. Os restolhos de arroz (que são principalmente os caules e as raízes da planta do arroz deixados no solo após a colheita) são muito espessos e difíceis de tratar. Não há muito gado a pastar nestes paddocks colhidos para comer alguns destes restolhos de arroz. Por conseguinte, a maior parte do restolho restante é normalmente queimada, ao passo que em algumas explorações de arroz, o restolho de arroz é deixado a decompor-se naturalmente e é incorporado no solo para melhorar a estrutura do solo. A palha de arroz são os caules que sobram depois de os grãos de arroz terem sido todos retirados no processo de moagem. A palha de arroz é utilizada como material de construção porque é fácil de trabalhar, pouco dispendiosa e boa para o ambiente. Alguns produtores de leite utilizam a palha de arroz como fibra para os animais alimentados com cereais. Também pode ser utilizada para o fabrico de papel. O farelo de arroz é a camada exterior do grão de arroz castanho. O farelo de arroz é removido durante o processo de moagem para produzir arroz branco. A figura 1 mostra a estrutura da casca e do grão de arroz. A sêmea de arroz estabilizada é vendida como alimento saudável em supermercados e lojas de alimentos saudáveis, ou a fabricantes de alimentos que a utilizam como ingrediente em alimentos como pães estaladiços e cereais de pequeno-almoço. O farelo de arroz não estabilizado é utilizado na alimentação de animais e noutros produtos animais e industriais (Rice Factsheet, 2017; FAO, 2015; 2016; Wiafe-Kwagyan, 2014).

O Gana produz uma média de 541.830 toneladas métricas de arroz por ano (SRID, 2017, 2015; Graphic online, 2015; MiDA, 2012). O Quadro 1 e a Figura 2 mostram a produção anual de arroz no Gana durante o período entre 1995 e 2015 e um mapa que indica as regiões de cultivo de arroz no Gana, respetivamente. Claramente, o cultivo de arroz é extenso no Gana, cobrindo muitas regiões e distritos do país (Fig. 2). Isto demonstra que a utilização de resíduos agro-industriais de arroz, especialmente os provenientes do cultivo e processamento de arroz em casca (descasque / descasque) e a remoção do farelo e do gérmen podem servir como substratos potenciais para o cultivo de cogumelos comestíveis, tais como *Agaricus, Pleurotus,* espécies de *Volvariella,* etc., porque estes resíduos agro-industriais

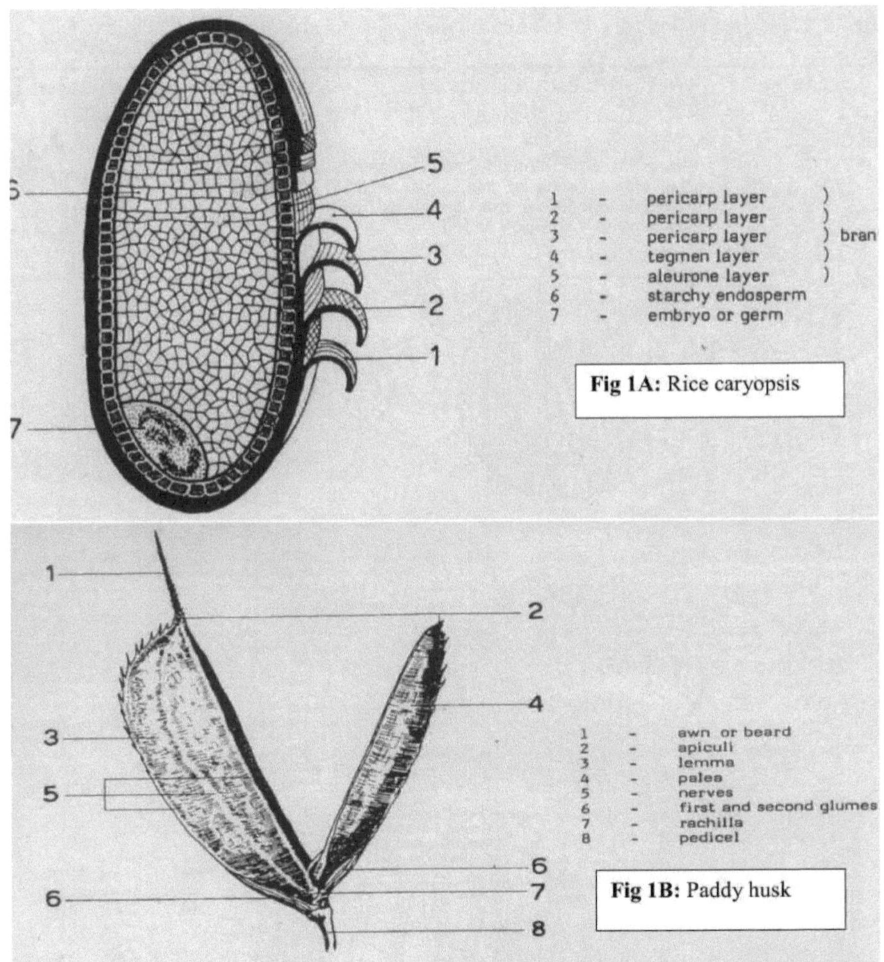

Fig.1 : A estrutura da casca do arroz e do grão, que é o principal cereal para consumo humano. (FAO, 1983)

Quadro 1: Dados sobre a produção de arroz no Gana nos últimos 20 anos (1995-2015)

Year	Total Domestic Production (metric tonnes)		Production available for human consumption	Estimated available quantity of waste per annum (metric tonnes)
	Paddy Rice	**Milled Rice**		
1995	-	202,000	141,400	60,600
1996	-	203,000	142,100	60,900
1997	-	197,000	137,900	59,100
1998	-	194,000	135,800	58,200
1999	-	168,000	117,600	50,400
2000	-	247,000	160,550	86,450
2001	-	273,000	237,783	35,217
2002	-	168,000	137,340	30,660
2003	243,000	146,000	117,000	29,000
2004	-	145,090	116,070	29,020
2005	-	142,000	113,600	28,400
2006	250,000	150,000	120,000	30,000
2007	185,340	148,272	118,000	30,272
2008	302,000	181,000	157,600	23,400
2009	391,000	234,600	204,000	30,600
2010	492,000	294,962	256,617	38,345
2011	463,000	278,962	242,195	36,767
2012	481,000	311,897	288,750	23,147
2013	570,000	364,000	305,905	58,095
2014	604,000	417,000	-	-
2015	641,000	443,000	-	-

***Chave:** Dados do Departamento de Estatística, Investigação e Informação; Ministério da Alimentação e Agricultura (SRID, MoFA, 2017).

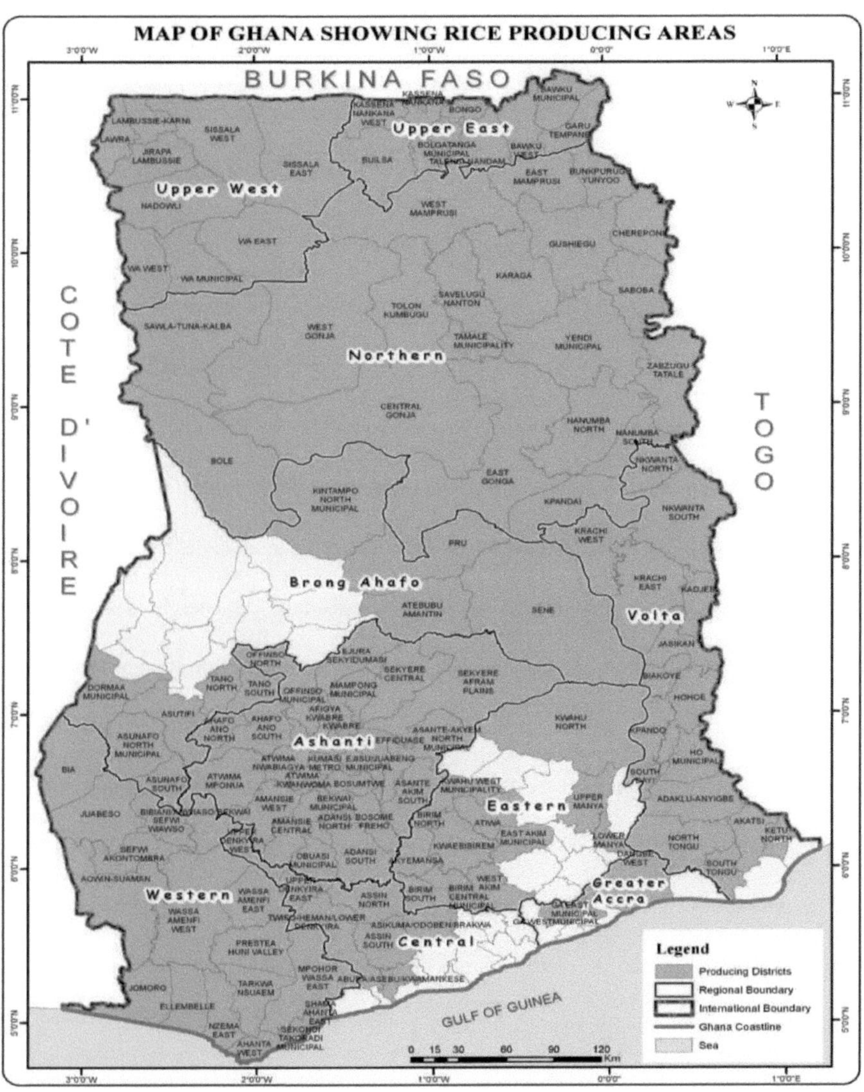

Fig 2: Mapa do Gana indicando os distritos e áreas de cultivo de arroz (Wiafe-Kwagyan, 2014) estão facilmente disponíveis no Gana. É importante conhecer a origem dos agro-resíduos, uma vez que o substrato pode conter alguns metais pesados tóxicos acumulados a partir do solo pela planta durante o crescimento no campo. A bioacumulação de metais pesados e outras substâncias pelos corpos de frutificação de cogumelos, a partir dos seus substratos, é um

9

fenómeno bem conhecido. Embora estes metais pesados possam não ser tóxicos para o cogumelo, o consumo de cogumelos contendo estes metais pesados pode ser prejudicial para a saúde humana (Wiafe-Kwagyan, 2014; Obodai et al., 2014a; Pandiarajan et al., 2012; Zhu et al., 2011; Radulescu et al., 2010; Sesli & Soylak, 2008; Tuzen, Ozdemir & Demirbas, 2005). A produção e o processamento do arroz colhido no campo podem resultar numa enorme acumulação de resíduos de arroz, como palhas, cascas e farelo, no ambiente, especialmente nas terras agrícolas e nos locais de moagem.

O grão de arroz é coberto por uma estrutura lenhosa chamada casca ou casco, que é indigesta e deve ser removida num processo conhecido como descasque ou descascamento, que depois torna o grão de arroz comestível. A remoção da casca de arroz é a primeira fase da moagem do arroz e representa 20% da produção total (Feng et al., 2004). Por exemplo, por cada milhão de toneladas de arroz em casca colhido, são produzidas cerca de 200 000 toneladas de casca de arroz (Rice Factsheet, 2017). Existem dois tipos básicos de máquinas de descasque: o disco de rodagem e o rolo de borracha. Devido à maior necessidade de energia das máquinas de moagem de arroz, que também são caras para instalar nas aldeias, algumas máquinas manuais e de baixa potência, como a descascadora Engelberg, são utilizadas para descascar no Gana. Consiste num cilindro de aço com arestas longitudinais que roda contra uma lâmina horizontal fixa. Após a primeira passagem do arroz para remover a casca, a lâmina é ajustada ligeiramente mais perto para remover a segunda passagem, que é o farelo de arroz. O substrato que sai como uma mistura ou combinação de casca e farelo de arroz é conhecido como mistura Engelberg, em homenagem ao inventor Evaristo Conrado Engelberg FAO (1983).

Apesar desta grande produção de lignocelulose de arroz no Gana, os resíduos de arroz têm sido subutilizados. À semelhança de outros países em desenvolvimento, o principal problema que os habitantes rurais e urbanos enfrentam é a utilização de um método de gestão de resíduos adequado para melhorar os resíduos agro-industriais gerados através do cultivo e transformação de produtos agrícolas. Foi estabelecido que a queima de resíduos de arroz é um dos métodos de gestão comummente utilizados em muitos países, como o Gana, a China, a Índia, as Filipinas e a Tailândia (Adam, 2013; Gadde et al., 2009; Guo et al., 2008). A queima destes resíduos de arroz faz parte da atividade de queima de resíduos agrícolas, que emite gases com efeito de estufa (GEE), como o dióxido de carbono (CO2), o metano (CH4) e o óxido nitroso (N2O), poluentes como o monóxido de carbono (CO), partículas e outros compostos tóxicos, como os hidrocarbonetos aromáticos policíclicos (HAP) (Duan et al, 2004; Lemieux, Lutes, Santoiann, 2004; Singh & Nain, 2014; Tripathi, Singh & Sharma, 2013). O processo de combustão incompleta produz produtos que, por sua vez, afectam a saúde humana. O outro método alternativo é a incorporação de resíduos de arroz no solo, que é uma prática segura e amiga do ambiente, sem qualquer efeito adverso no rendimento das culturas, uma vez que melhora gradualmente o carbono orgânico do solo, o teor de fósforo e de potássio. No entanto, esta prática pode criar alguns problemas, como o aumento do arrastamento de ervas daninhas, a dificuldade de lavoura e o aumento da emissão de gases com efeito de estufa (GEE) devido a inundações durante o cultivo do arroz (Cheewaphongphan, Garivait & Pongpullponsak, 2011a; Cheewaphongphan et al., 2011b; Summer et al., 2003). O problema é ainda agravado pelo facto de a sociedade de consumo exigir frequentemente o cumprimento de normas nutricionais adequadas. Mas isso é caracterizado por custos crescentes e muitas vezes acentuado pela diminuição da disponibilidade de matérias-primas para a produção (Laufenberg, Kunz & Nystroem, 2003). Consequentemente, há uma ênfase considerável na recuperação, reciclagem e melhoramento dos resíduos para utilizações económicas. Esta preocupação é particularmente relevante para a indústria agroalimentar, que liberta no ecossistema grandes volumes de resíduos sólidos, resíduos e subprodutos, produzidos quer no sector agroflorestal primário, quer pelas indústrias de transformação secundária. Este facto constitui um grave problema de poluição ambiental (Chang, 2006; Koopmans & Koppejan 1997; Lal, 2005).

Existem outros métodos alternativos de gestão de melhoria, como a utilização de culturas microbianas de *Trichoderma harzianum* e *Pleurotus sajor-caju* para reciclar a palha de arroz em casca (Sannathimmappa et al., 2015). Singh e Naian (2014) relataram que microflora como *Trichoderma harzianum, Pleurotus ostreatus, Polyporus ostriformis* e *Phanerochaete chrysosporium, Bacillus subtilis, B. polymyxa, B. licheniformis, B. pumilus, B. brevis, B. firmus, B. circulans, B. megaterium* e *B. cereus* são conhecidos por serem degradadores de celulose e hemicelulose. O pré-tratamento da lignocelulose com produtos químicos como álcalis, ácidos diluídos, agentes oxidantes e ácidos orgânicos é uma das etapas de processamento mais caras no processo de conversão da biomassa (Mosier et al., 2005). O cultivo de cogumelos pode, portanto, servir como um método biotecnológico eficiente para a bioconversão de resíduos lignocelulósicos em alimentos proteicos humanos com propriedades medicinais (Chang, 2006; 2007; Gregori, Svagelj & Pohleven, 2007; Silva, Cavallazzi & Muller, 2007; Zadrazil, Compare & Maziero, 2004). A utilização de cogumelos na bioconversão de grandes quantidades de resíduos agrícolas tem um impacto ambiental positivo, uma vez que reduz a poluição ambiental. O método também tem o potencial de reciclar estes resíduos em biofertilizante. Os micélios dos cogumelos segregam vários grupos de enzimas extracelulares que degradam e utilizam resíduos lignocelulósicos e outras substâncias complexas. Os cogumelos são ricos em proteínas, minerais e vitaminas (Qaglarirmak, 2007; Sadler, 2003) e as suas proteínas tendem a estar presentes numa forma facilmente digerível e numa base de peso seco. Os cogumelos contêm normalmente entre 20 e 40% de proteínas, o que é superior ao que se obtém em muitas leguminosas, como a soja e o amendoim, e em alimentos vegetais com elevado teor de proteínas (Chang & Buswell, 1996; Chang & Mshigeni, 2001). É interessante notar que as proteínas dos cogumelos contêm todos os aminoácidos essenciais necessários na dieta humana e são especialmente ricas em lisina e leucina, que faltam na maioria dos alimentos básicos à base de cereais (Chang & Buswell, 1996; Sadler, 2003).

A utilização da biotecnologia dos cogumelos para reciclar os resíduos agrícolas também tem implicações económicas e sociais. Isto porque o cultivo de cogumelos é uma atividade agroindustrial de mão de obra intensiva que pode ter um impacto económico e social significativo ao gerar rendimentos e emprego para mulheres e jovens, particularmente nas áreas rurais dos países em desenvolvimento. Tendo em conta estes benefícios socioeconómicos, bem como a natureza amiga do ambiente do cultivo de cogumelos, esta gestão de resíduos agrícolas será adequada se aplicada num país em desenvolvimento como o Gana para mitigar a poluição ambiental causada por resíduos agrícolas.

Os macrofungos do género *Pleurotus*, conhecidos como cogumelos ostra, crescem amplamente em zonas tropicais, subtropicais e temperadas. A maioria das pessoas prefere *P. ostreatus* (Jacq.ex.fr) P. Kummer pelo seu gosto, sabor, textura suave mas mastigável, aroma único e pode ser facilmente cultivado em meios artificiais e naturais (Krishnamoorthy & Sankaran, 2014). As espécies de *Pleurotus* são cogumelos eficientes na degradação da lenhina e podem crescer bem em diferentes tipos de materiais lignocelulósicos (Chang, 2001; Stamets, 1993; Stamets & Chilton, 1983). Por exemplo, aparas, talo de com, talo de trigo, talo de soja, talo de algodão, cascas de resíduos, palhas de cereais, espigas de milho, cascas de sementes, resíduos de café, bagaço de cana-de-açúcar, subprodutos de papel e polpa e outros resíduos agrícolas podem ser utilizados para o cultivo de cogumelos (Dundar, Acay & Yildiz, 2009; Poppe, 2000; Oei, 1991, 1996, 2005).

Quadro 2. Alguns resíduos agrícolas e industriais utilizados no cultivo de alguns cogumelos comestíveis designados

Mushroom species	Substrate used
Lentinula edodes (Berk) Sing	Sawdust wood (*Querus, Carpinus, Cyclobanopsis, Castanopsis*), Hay, Corn cob, Brewer's grain
Agaricus bisporus	Horse manure, Chicken manure, Molasses, Cotton seed meal, Wheat straw
Pholiota nameko	Logs of *Fagus cranata* and *Aesculus turbinata*, rice bran
Pleurotus ostreatus (Jacq Ex. Fr.) Kummer	Cotton waste, rice straw, sawdust (*Triplochiton scleroxylon*), rice bran, wheat straw, waste paper
Pleurotus sajor-caju	Banana pseudostems, paddy or wheat straw, sawdust, chopped paddy straw cotton waste, rice straw, dry banana leaves, bagasse, water hyacinth, oil palm pericarp waste, oil palm bunch, sugarcane bagasse

Fonte: Chang e Quimio (1982); Oei (1991)

Quadro 3: Resíduos agrícolas e industriais seleccionados utilizados no cultivo de cogumelos comestíveis

Agricultural and Industrial waste	Residues	Competing use
Grain harvesting Wheat, rice, oats barley and corn	Straw, cobs, stalks, husks	Animal feed, burnt as fuel, compost, soil conditioner
Processed grains Corn, wheat, rice, soybean	Waste water, bran,	Animal feed
Fruit and vegetable harvesting	Seeds, peels, husks, stones, rejected whole fruit and juice	Animal and fish feed, some seeds for oil extraction
Fruit and vegetable processing	Seeds, peels, waste water, husks, shells, stones, rejected whole fruit and juice	Animal and fish feed, some seeds for oil extraction
Sugar cane other sugar products	Bagasse	Burnt as fuel
Oils and oilseed plants Nuts, cotton seeds, olives, soybean etc.	Shells, husks, lint, fibre, sludge, press cake, wastewater	Animal feed, fertilizer, burnt fuel
Animal waste	Manure, other waste	Soil conditioners
Forestry-paper and pulp Harvesting of logs	Wood residuals, barks, leaves etc.	Soil conditioners, burnt

Agricultural and Industrial waste	Residues	Competing use
Saw-and plywood waste	Woodchips, wood shavings, saw Dust	Pulp and paper industries, chip and fibre board
Pulp & paper mills	Fibre waste, sulphite liquor	Reused in pulp and board industry as fuel
Lignocellulose waste from communities	Old newspapers, paper, cardboard, old boards, disused furniture	Small percentage recycled, others burnt
Grass	Unutilised grass	Burnt

Depois de (Howard, Abotsi, Jensen van Renberg e Howard, 2003)

Entre os macrofungos que têm sido cultivados para fins alimentares, o pleuroto ocupa o segundo lugar, atrás do cogumelo-botão *(Agaricus bisporus)* (Aksu, Isik e Erkal, 1996), com um volume partilhado de 24,2% da produção mundial (Arbaayah & Umi, 2013). Recentemente, as espécies de *Pleurotus* também têm atraído grande atenção como fonte de metabolitos bioactivos para o desenvolvimento de medicamentos e nutracêuticos (Orhan & Ustun, 2011; Terpinc & Abramovic, 2010). Verificou-se também que algumas delas são uma fonte de alguns metabolitos secundários, como flavonóides, terpemóides, esteróis, compostos fenólicos, P-caroteno, licopeno e antioxidantes (Obodai et al., 2014a,b&c; Vaz et al., 2011) e foi relatada a sua capacidade de prevenir cancros, VIH, SIDA e outras doenças virais. As espécies de *Pleurotus* são também anti-mutagénicas, anti-tumorais e podem ser utilizadas para gerir distúrbios cardiovasculares (Guillamon et al., 2011; Ana-Villares & Jose-Alfredo, 2010). Para além da importância nutricional e económica, o cultivo de cogumelos é também um agronegócio lucrativo, uma vez que o cultivo de *Pleurotus ostreatus* apresenta uma nova janela de oportunidade de emprego. No Gana, o substrato primário e mais comum para a produção de cogumelos é a serradura de wawa de *Triplochiton scleroxylon.* Contudo, a utilização de serradura como substrato tem algumas limitações que incluem o longo período de espera necessário para a fermentação (mínimo de 28 dias), para o crescimento de cogumelos (Obodai, 1992; Obodai, Sawyer & Johson, 2000). A utilização de serradura "wawa", embora valha a pena, tornou-se um empreendimento económico não sustentável para os produtores de cogumelos no Gana, devido ao esgotamento atual das nossas florestas. Além disso, sabe-se que algumas espécies de plantas são venenosas e podem causar problemas se forem ingeridas, ou após contacto com a pele e os olhos. Algumas podem ser bastante irritantes, enquanto outras podem causar dores de estômago, erupções cutâneas, alucinações ou batimentos cardíacos irregulares (Nelson, Shih & Balick, 2007; Chandra et al., 2012). Por conseguinte, deve ser possível verificar a origem de qualquer estilha de madeira ou serradura utilizada como substrato para o cultivo de cogumelos. É quase impraticável verificar se a serradura utilizada como substrato para o cultivo de cogumelos não contém vestígios de metais pesados ou se é uma mistura de alguma percentagem de serradura de certas plantas potencialmente venenosas. Isto deve-se ao facto de os cogumelos, tal como as plantas, acumularem nutrientes, como sejam minerais, incluindo metais pesados, do seu substrato ou meio. Estes desafios potenciais e a disponibilidade fácil de resíduos de arroz tornam os resíduos de arroz preferíveis à serradura como substrato adequado para o cultivo de cogumelos no Gana. Tendo em conta o que precede, este estudo investigou a utilização da lignocelulose de arroz e das suas alterações como substrato alternativo para a cultura de *Pleurotus ostreatus* no Gana.

1.1 Cultivo de pleurotos no Gana

A palha de arroz é tradicionalmente utilizada para a produção comercial do "cogumelo de palha de arroz" *Volvariella volvacea* no Sudeste Asiático. O cultivo de cogumelos em substratos lenhosos, principalmente troncos e serradura, aperfeiçoou as técnicas de produção comercial de *Lentinula edodes* (shiitake) e várias espécies de *Pleurotus,* nomeadamente *P. ostreatus* no Extremo Oriente (Chang e Quimio, 1982; Oei, 1991; Zadrazil, 1996, etc.), 2000; 2011; 2014a-c; Wiafe-Kwagyan et al., 2016; Wiafe-Kwagyan, 2014; Kortei, 2015). *P. ostreatus* tem sido produzido comercialmente no Zimbabué (Ryvarden e Masuka, 1994). Muitas revistas técnicas e livros estão disponíveis para orientar tanto empresários de pequena escala como industriais (Chang e Hayes, 1977; Chang e Hayes, 1978; Quimio, 1978; Chang e Quimio, 1982; Oei, 1991 e Stamets, 2000) no cultivo de cogumelos.

Desde o início do cultivo comercial, em pequena escala, de espécies de *Pleurotus (P. ostreatus, P. sajor-caju,* etc.) no Gana, há mais de 25 anos, experimentaram-se muitas lignoceluloses agrícolas compostadas. Os pleurotos são, de longe, os cogumelos mais fáceis e menos dispendiosos de cultivar. Poucos outros cogumelos demonstram uma adaptabilidade, agressividade e produtividade semelhantes às espécies de *Pleurotus.* Os decompositores de madeira, como as espécies de *Pleurotus,* crescem numa vasta gama de resíduos florestais e agrícolas, mais do que as espécies de qualquer outro grupo. Desenvolvem-se em quase todos os subprodutos de madeira dura (serradura, papel e lamas de polpa), em todas as palhas e espigas de cereais, no bagaço de cana-de-açúcar, em resíduos de café (borras, cascas, caules e folhas de café), em frondes de bananeira, em cascas de sementes de algodão, em resíduos de agave, em polpa de soja e noutros materiais enumerados nos quadros 2 e 3. Com as actuais técnicas de cultivo melhoradas, a utilização de outras espécies de *Pleurotus*, p.ex. *P. eous* e *P. ostreatus* (pleurotos), pode servir melhor para reduzir a pobreza e a fome no Gana, revitalizar as economias rurais e proporcionar oportunidades de trabalho para a população rural.

1.2 Resíduos de arroz como substrato para a cultura de cogumelos no Gana

Os materiais para a compostagem do substrato de cogumelos são diversos e abundantes. A maioria dos subprodutos da agricultura e da indústria florestal pode constituir um meio de base para a cultura de cogumelos. Este meio de base, chamado "substrato de frutificação", é frequentemente suplementado com um aditivo rico em hidratos de carbono e proteínas para aumentar o rendimento e com cal/carbonato de cálcio ($CaCO_3$) ou composto inorgânico para alterar o pH para um nível adequado para o crescimento ótimo do cogumelo. Os substratos potenciais incluem resíduos de madeira, produtos de papel, palhas de cereais, cascas de cereais, espigas de milho, plantas e resíduos de café, folhas de chá, bagaço de cana de açúcar, folhas de bananeira, cascas de sementes (sementes de algodão e sementes ricas em óleo), cascas de amêndoa, noz, girassol, noz-pecã e amendoim, farinha de soja, resíduos de soja, palha de arroz, resíduos de pericarpo de palma, estrume de galinha, melaço, resíduos de alcachofra, resíduos de cato, mandioca, agave (Quadros 2 e 3) mencionados por Chang e Quimio (1982); Oei (1991), Stamets (1993); Ingale e Ramteke (2010); Zinabu, Ameha e Pretha (2015); Tesfaw, Abebe e

Gebre (2015), para mencionar alguns.

O composto desempenha um papel mais abrangente na produção de cogumelos do que o solo no crescimento de plantas superiores. Um bom substrato deve ter; i) condições físicas apropriadas que proporcionam uma boa ancoragem para os cogumelos e, ao mesmo tempo, mantêm um bom arejamento e uma boa capacidade de retenção de água, ii) uma boa condição química que liberta alguns nutrientes das matérias-primas do composto durante a fermentação e pasteurização e iii) uma condição apropriada para actividades microbianas que ajudam a melhorar o ambiente físico e químico para o crescimento de cogumelos. Existe uma grande procura da oferta mundial disponível de proteína de cogumelo, especialmente em África.

Obodai (1992) utilizou palha de milho, serradura de wawa *(Triplochiton scleroxylon)*, pericarpo de óleo de palma, cascas de cacau e banana *(Musa* spp.) como substratos para o cultivo de *Pleurotus ostreatus, P. sajor-caju* (atualmente designado *P. pulmonarius}* e *Volvariella volvacea* com algum sucesso. Desde então, têm sido utilizados outros substratos para o cultivo de *P. ostreatus* e foram publicados muitos trabalhos do Gana a este respeito, por exemplo, Obodai et al. (2010; 2011; 2014a-c); Obodai e Odamtten (2013); Kortei et al. (2016); Wiafe-Kwagyan et al. (2016). A utilização de serradura de wawa, embora valha a pena, tornou-se um empreendimento económico não sustentável para os produtores de cogumelos no Gana devido ao esgotamento da nossa floresta desta planta. Os resíduos de arroz destacam-se como potenciais substitutos para utilização no cultivo de cogumelos no Gana devido ao esgotamento da nossa biodiversidade florestal. O arroz *(Oryza sativa* L.) é atualmente a cultura alimentar economicamente mais importante do mundo, fornecendo dois terços das calorias ingeridas por mais de três mil milhões de pessoas na Ásia, 80% das calorias alimentares no Bangladesh e na Indonésia e um terço de quase 1,5 mil milhões de pessoas em África e na América Latina (Khush, 2005). O arroz fornece 20% da energia per capita e 13% das proteínas consumidas em todo o mundo (Juliano, 1994). Este produto alimentar é, por conseguinte, considerado uma das culturas cerealíferas mais importantes do mundo, servindo como fonte primária de alimentos e calorias para cerca de metade da população mundial (Khush, 2005).

Atualmente, a Ásia é o principal produtor de arroz, sendo a China o maior produtor mundial, seguida da Índia, Indonésia, Bangladesh, Vietname, Tailândia, Burmar, Filipinas, Brasil, Japão, EUA, Paquistão, Camboja, Egipto, Coreia do Sul, Nepal, etc. (USDA, 2017; FAO, 2016; FAO, 2015). Na África Subsariana, o arroz é o quarto cereal mais importante, a seguir ao sorgo, ao milho e ao painço, ocupando 10% do total de terras cultivadas com cereais e representando 15% da produção total de cereais (FAOSTAT, 2006; 2012). O Gana, tal como a maioria dos países produtores de arroz, adoptou três métodos de cultivo através dos quais os produtores de arroz cultivam o seu arroz. São eles o arroz de fundo de vale, o arroz de terras altas alimentado pela chuva (as explorações não irrigadas dependem apenas da precipitação para o cultivo do arroz) e a produção de arroz de inundação controlada, em que os agricultores cultivam o arroz à volta de grandes e pequenas barragens (Al-hassan, 2008; Norman e Otoo, 2003). A produção de arroz de fundo de vale é aquela em que os agricultores geralmente plantam arroz em pequenas quantidades nos fundos de vale. Grande parte deste arroz é consumido em festivais ou vendido entre agregados familiares, pelo que nunca chega ao mercado. O arroz produzido desta forma é praticamente ignorado em todas as estatísticas agrícolas, mas a casca e a palha são deitadas fora ou queimadas. O arroz de sequeiro é cultivado principalmente nas zonas montanhosas da região de Volta, no Gana, entre o lago Volta e a fronteira com o Togo (Fig. 2). A zona de arroz estende-se entre Ho e Nkwanta, sem contar com as recentes explorações de arroz de Avehime e Afife. No entanto, nos últimos tempos, a introdução de novos sistemas de cultivo de arroz alterou este padrão. A produção de fundo de vale foi adoptada, e o arroz é agora amplamente cultivado em terrenos baixos sem irrigação. O sistema de inundação controlada é o terceiro método de cultivo de arroz, em que os agricultores dependem de bombas, barragens, canalização de água elaborada e colheita mecânica, bem como se concentram em variedades de arroz de alto rendimento (Al- hassan, 2008; Norman e Otoo, 2003). A Fig. 2 mostra um mapa do Gana que indica as áreas de cultivo de arroz (apresentadas a verde) e os números da produção de arroz do Gana nos últimos vinte anos estão resumidos no Quadro 1. A anatomia do arroz e da casca de arroz é apresentada na Fig. 1. O grão de arroz está coberto por uma estrutura lenhosa chamada casca ou casco, que é indigesta e é removida na primeira etapa durante o processamento para tornar o arroz comestível. A figura 1 mostra a estrutura da palha de arroz, da casca e do grão, que é o principal grão para consumo humano. Após a moagem do arroz, as camadas de casca e farelo são removidas, enquanto o grão branco é libertado de impurezas. No entanto, a adoção de métodos adequados de gestão dos resíduos de palha e casca de arroz constitui um grande desafio, uma vez que são considerados um mau alimento para os animais devido ao seu elevado teor de sílica (Krishna et al., 2004).

Existe, portanto, um enorme potencial para a utilização de lignocelulose de arroz (palha, casca, gérmen e farelo) numa base sustentável como composto (substrato) para a produção de cogumelos no Gana. Por exemplo, em 2008, a produção mundial de arroz em casca foi de 661 milhões de toneladas; só de casca de arroz foram produzidas 132 milhões de toneladas (Paranthaman, Alagusundaram & Indhumathi 2009) e esta quantidade aumenta todos os anos. Estima-se que mais de 4,2 milhões de toneladas de resíduos agrícolas são gerados anualmente no Gana. Só em 2008, do total de 5,2 milhões de toneladas de resíduos agrícolas, os resíduos de arroz constituíram aproximadamente 360 000 toneladas (Quartey, 2011; Quartey e Chylkova 2012).

CAPÍTULO DOIS

2.0 MÉTODOS UTILIZADOS NA CULTURA DO PLEUROTO

2.1 Preparação de culturas puras de reserva e de reprodutores

Neste estudo foram empregues métodos convencionais utilizados a nível mundial para o cultivo de cogumelos comestíveis. Foram utilizadas para o estudo culturas puras de *P. ostreatus* (Jacq. Ex. Fr.) Kummer Estirpe EM-1, com uma semana de idade, obtidas do Banco Nacional de Micélio no CSIR - Instituto de Investigação Alimentar do Gana. As culturas de reserva de *P. ostreatus* foram cultivadas em placas de ágar batata-dextrose (PDA) em tubos McCartney e em placas de Petri e, subsequentemente, foram preparadas sementeiras utilizando o método modificado por (Narh et al., 2011; Stamets & Chilton, 1983; Wiafe-Kwagyan, 2014).

2.2 Preparação de substratos de arroz para ensacamento e desova

As amostras de palha de arroz foram colhidas em explorações de arroz em Dawhenya (Grande Acra) e Aveyime-Battor (Região de Volta) no Gana, enquanto a casca de arroz foi obtida na casa de moagem de arroz em Ashaiman (Região da Grande Acra). A preparação dos substratos foi efectuada segundo os métodos utilizados por (Narh et al., 2011; Obodai et al., 2011). Os substratos foram pré-tratados ou utilizados sem tratamento. O método convencional de fermentação de resíduos sólidos em fase única ao ar livre foi utilizado para a fermentação de todos os substratos.

As seguintes formulações de lignocelulose de resíduos agrícolas de arroz foram utilizadas para o estudo.

1. Apenas palha de arroz (RS)

2. Palha de arroz com adição de 1% de CaCO$_3$ e 10% de farelo de arroz (RS+C+RB)

3. Palha de arroz com 1% de CaCO$_3$ e 10% de farelo de arroz suplementado com uma quantidade adicional de farelo de arroz (5,10 e 15%) (RS+C+%RB)

4. Palha de arroz combinada com casca de arroz (1:1 w/w) emendada com 1%CaCO$_3$ e 10% de farelo de arroz suplementado com uma quantidade adicional de farelo de arroz (5, 10 e 15%) (RS+H+%RB)

5. Substrato de mistura Engelberg (casca de arroz e farelo)

2.3 Esterilização de substratos ensacados

Os substratos foram ensacados como tratados ou não tratados, como acima referido. Cada substrato foi cuidadosamente misturado após a aspersão de água na mistura para obter um teor de humidade de cerca de 70% (w/w). O substrato foi ensacado em sacos de polietileno transparente resistentes ao calor para obter um peso de 1 kg. Os sacos foram esterilizados a vapor a uma temperatura de 90-100° C durante 3 horas (Narh et al., 2011; Obodai et al., 2011; Wiafe-Kwagyan, 2014). Em seguida, deixou-se arrefecer e inoculou-se com 3 g de plântulas totalmente crescidas de *P. ostreatus*. Depois disso, foram incubadas a 28±2°C para colonização micelial durante um período de 35 a 63 dias.

2.3.1 Preparação da semente

As posturas foram preparadas utilizando uma forma modificada do método de preparação de posturas descrito por (Narh et al., 2011; Obodai, 1992; Stamets e Chilton, 1983). Os grãos de sorgo foram lavados e mergulhados em água durante a noite. Em seguida, foram cuidadosamente lavados com água da torneira para garantir a remoção do pó e de outras partículas. Os grãos foram escorridos, atados numa rede de arame e cozidos a vapor durante 45 minutos num autoclave a 105° C, para garantir que os grãos cozidos a vapor eram cozinhados enquanto ainda estavam intactos, pois os grãos partidos são mais susceptíveis de contaminação. Os grãos foram secos ao ar para arrefecer numa estrutura de madeira com uma rede metálica. A cada grão, foram adicionados 3% (p/p) de carbonato de cálcio ($CaCO_3$) e misturados manualmente. Em seguida, pesaram-se alíquotas de cento e cinquenta gramas (150 g) dos grãos em frascos de vidro transparentes de 330 ml de boca estreita, tapados com algodão e cobertos com folhas lisas. As folhas foram mantidas no lugar com elásticos. Os grãos engarrafados foram esterilizados num autoclave a 121° C durante 1 hora.

2.4 Medição da densidade dos micélios de superfície e do tempo de colonização

A densidade de micélios foi classificada pelo vigor ou intensidade de colonização nos sacos de composto (substrato). O tempo de colonização micelial foi calculado como o tempo necessário para a colonização completa do substrato (Obodai, Cleland-Okine & Vowotor, 2003; Kortei et al., 2015; Wiafe-Kwagyan, 2014; Wiafe-Kwagyan et al., 2016). A taxa de crescimento foi calculada pela fórmula abaixo:

Taxa de crescimento = Diâmetro da colónia no último dia (cm) / Número de dias de medição após a inoculação

2.5 Cultura e colheita de corpos de frutificação frescos

No final da colonização micelial, os sacos com colonização micelial espessa foram transferidos para a sala de cultivo, empilhados em prateleiras de madeira e abertos. A sala de cultivo tinha as suas condições ambientais: luz, humidade, troca de ar e temperatura adequadas para induzir a frutificação (Stamets, 2000). Os cogumelos maduros foram determinados e colhidos quando a superfície do chapéu do cogumelo estava plana ou ligeiramente enrolada nas margens do chapéu (Pratos 4 e 5). Os corpos de frutificação foram colhidos torcendo o estipe para o arrancar da base; nos casos em que foi difícil, utilizou-se um bisturi esterilizado para colher a partir da extremidade aberta dos sacos de polipropileno transparentes. Depois de terminada a primeira colheita, as superfícies dos substratos foram raspadas. Os parâmetros registados incluíam o período de colonização micelial (isto é, o número de dias desde a inoculação até à colonização completa do saco de composto pelos micélios), a densidade micelial (foi feita por observação direta), o número de dias decorridos até ao aparecimento de cabeças de alfinete e o número de fluxos por tratamento. Foram também avaliados os dias desde a abertura dos sacos até ao primeiro fluxo, o peso e o número de carpóforos por fluxo, o intervalo entre fluxos (o número médio de dias decorridos entre fluxos consecutivos) e os valores da eficiência biológica (EB). Os valores de Eficiência Biológica foram calculados de acordo com (Royse et al., 2004) assim: E.B. = [Peso de cogumelos frescos colhidos / peso seco do substrato] x 100

2.6 Métodos analíticos

Os corpos de frutificação de *P. ostreatus* foram recolhidos, secos numa estufa a 60° C até atingirem um peso constante e mantidos sob refrigeração a 4° C. As amostras de cogumelos foram analisadas quanto à sua composição proximal (proteína bruta, fibra, hidratos de carbono, humidade e cinzas) e composição elementar utilizando os métodos da (AOAC, 2005). O teor de azoto total foi determinado pelo método de Kjeldahl (AOAC, 2005). O fator de proteína total foi determinado a partir do teor de azoto total, utilizando o fator de correção 4,38 (Breene, 1990); os minerais P, Cu, Fe, Mg, Mn, Pb e Zn foram determinados utilizando o espetrofotómetro de absorção atómica (PerkinElmer AAS modelo PinAAcle 900T), enquanto o Na e o K foram determinados utilizando o método do fotómetro de chama (AOAC, 2005).

2.7 Determinação do pH e do teor de humidade dos substratos

A acidez dos substratos esterilizados foi medida utilizando um TOA pH HM-60 (Ogawa Seiki Co. Ltd. Japão). O teor de humidade dos substratos esterilizados foi determinado utilizando o método convencional de forno quente (Gallenkamp Oven, 300plus series, Inglaterra) a 107° C durante 3 dias.

2.8 Análise estatística

A análise dos dados foi efectuada com recurso ao Statistical Package for Social Sciences (SPSS) versão 20. Todos os valores apresentados são médias dos dados obtidos. No entanto, o número de flush apresentado é o número de flush modal obtido para cada tratamento, enquanto a Eficiência Biológica foi apresentada como a média ± erro padrão (SE). As comparações de médias para substratos e suplementação, juntamente com suas combinações, foram realizadas usando o teste de intervalo múltiplo de Duncan post-hoc ao nível de significância de 5% ($p \leq 0,05$).

CAPÍTULO TRÊS

RESULTADOS

3.1 pH e teor de humidade dos substratos

Os valores de pH registados para todos os substratos de arroz formulados variaram entre 5,0 e 7,1 no ensacamento, com um pH médio de 6,85, ao passo que a gama de pH obtida após a esterilização dos sacos de substratos variou entre 6,0 e 7,4, com um pH médio de 6,80. O teor de humidade foi ajustado para 65 - 70% (resultados não mostrados). Em geral, o pH e o teor de humidade de todos os substratos de arroz formulados encontravam-se dentro da gama óptima de 6,0 - 8,0 e 60 - 75%, respetivamente, para o crescimento ótimo de *P. ostreatus* durante o cultivo (Narh et al., 2011; Obodai et al., 2011).

3.2 Número de dias necessários para a colonização completa do substrato e densidade

micelial Em geral, todos os tratamentos com amostra foram estatisticamente semelhantes entre si, ou seja, dentro do mesmo tratamento, o período de colonização micelial não foi estatisticamente ($p \geq 0,05$) diferente, como se mostra na Tabela 3, em termos do parâmetro medido (ou seja, colonização micelial, crescimento micelial médio e densidade micelial). O número de dias necessários para a colonização micelial completa do substrato (corrida da semente) diferiu significativamente ($p < 0,05$) para cada substrato formulado. Por exemplo, o período de colonização micelial obtido para o composto não fermentado e fermentado (4, 8 e 12 dias) foi de 63 dias. Os substratos suplementados com farelo de arroz adicional (5, 10 e 15%) registaram um período de colonização micelial de 35 - 42 dias para substratos de arroz fermentados durante 4, 8 e 12 dias, respetivamente (Quadro 3). A taxa de crescimento do micélio por semana (MGR) para cada tipo de substrato foi medida depois de a colónia de micélio ter atravessado o ombro do pacote (feixe). O crescimento micelial máximo obtido foi de 6,7 cm para substratos não fermentados (0 dias) suplementados com 5% adicionais de farelo de arroz (As) durante o ensacamento. O crescimento micelial mínimo de 4,5 cm foi registado no composto de 12 dias suplementado com 15% adicionais de farelo de arroz (D_{15}) (Quadro 3; Placas 1&2). Observou-se que, quando a mesma espécie foi cultivada em mistura de Engelberg sem emenda, o maior crescimento de micélios (7,3±0,90cm) foi registado em substrato não fermentado (mistura fresca embebida / dia 0). O crescimento micelial mais baixo (5,1±0,13cm) foi registado no substrato Engelberg fermentado durante 12 dias. Foi registada uma tendência semelhante na mistura de Engelberg. Foram necessários 30 dias para o período de colonização micelial, enquanto que, em média, foram necessários 2-3 dias para a formação dos primórdios, com uma média correspondente de 3-5 dias para o primeiro fluxo (Quadro 4; Placa 2A-D). Os dados de crescimento micelial obtidos neste estudo para a mistura de Engelberg foram muito mais elevados do que os registados por Frimpong-Manso et al. (2011) quando a casca de arroz foi utilizada como substrato e aditivo para a compostagem de wawa *Triplochiton scleroxylon* para determinar a sua contribuição para a eficiência biológica (EB) e o teor de nutrientes de *Pleurotus ostreatus*.

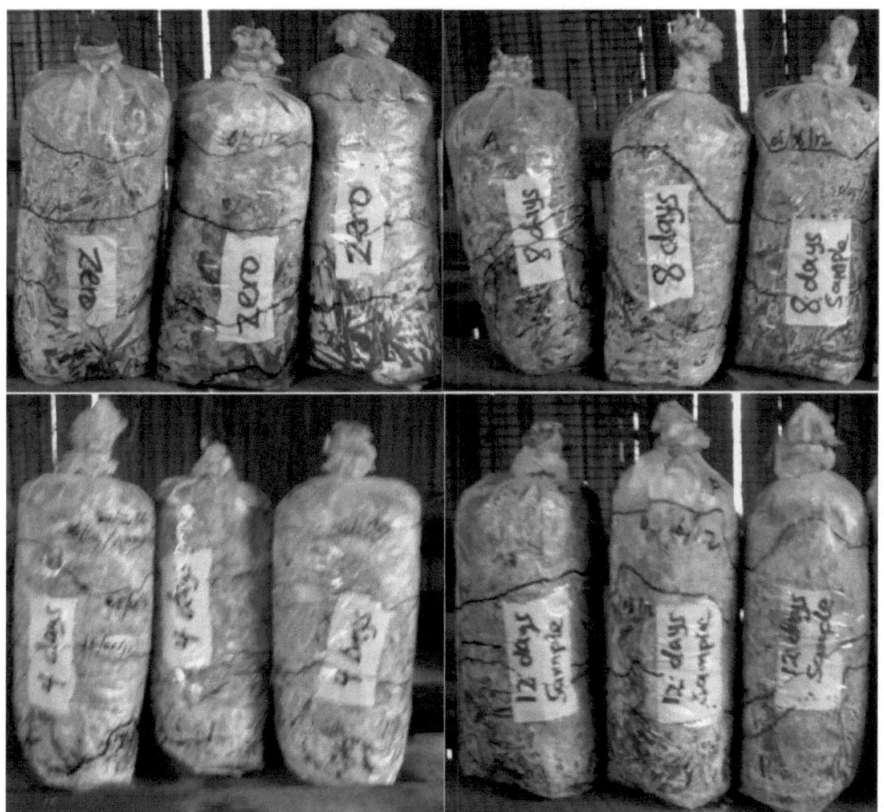

Placa 1: Ramificação de micélios de *Pleurotus ostreatus* em substrato de palha de arroz não compostado (em cima à esquerda); compostado durante 4 dias (em baixo à esquerda); compostado durante 8 dias (em cima à direita) e compostado durante 12 dias (em baixo à direita) antes da inoculação e incubado durante 3 semanas

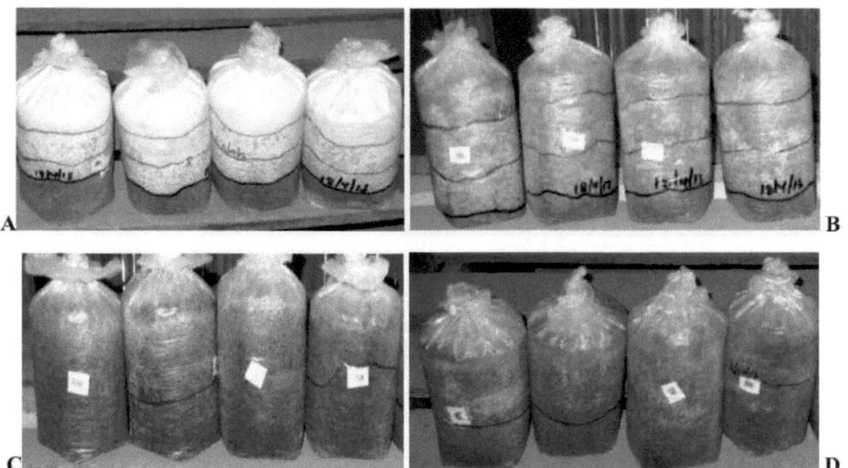

Placa 2A-D: Ramificação de micélios de *P. ostreatus* em substrato de mistura de Engelberg não fermentado 0 (A) e fermentado durante 4(B), 8(C) e 12(D) dias após 3 semanas de inoculação

3.3 Primórdios (cabeças de alfinete) e formação do corpo de frutificação

A formação de primórdios, o número de dias desde a abertura do saco até o primeiro fluxo para todos os tratamentos foram estatisticamente semelhantes, mas numericamente variam entre si, como mostrado na Tabela 3. O tempo mais baixo desde a abertura do saco até à formação do primeiro primórdio foi de 2 dias, registado no substrato não fermentado (0 dia), enquanto o tempo mais longo para o aparecimento de primórdios foi de 5 dias, obtido no composto de 12 dias suplementado com farelo de arroz adicional (5,10 e 15%, ou seja, D_5 , D_{10} e D_{15}) (Tabela 3). O número total de primórdios (cabeças de alfinete) registado no presente estudo também variou significativamente ($p \leq 0,05$) entre todos os substratos utilizados para o cultivo de *P. ostreatus*. O número de cabeças de alfinete formadas variou de 30 a 53. O número máximo de primórdios formados foi de 53, obtido em composto de 12 dias suplementado com 5% de farelo de arroz adicional (D_5), enquanto o número mínimo de cabeças de alfinete formadas foi de 31 em substrato não fermentado (Tabela 3). Em geral, o número total de corpos de frutificação formados não variou estatisticamente ($p>0,05$). O número total de corpos de frutificação formados variou de 21 a 38. O número mais elevado de corpos de frutificação registado foi de 38 em composto de 12 dias suplementado com 5% de farelo de arroz (D_5), enquanto o número mais baixo de corpos de frutificação registado foi de 21 em composto não fermentado (0 dia) (Quadro 3). Quando a mesma espécie foi cultivada em mistura de Engelberg (substrato de casca de arroz e farelo), o número máximo de cabeças de alfinete formadas (64) foi obtido em substrato de mistura de Engelberg não fermentado, com o correspondente maior número de corpos frutíferos (42). Este facto foi estatisticamente diferente ($p\leq0,05$) dos resultados obtidos no composto fermentado (composto de 4-12 dias). Por outro lado, o número mínimo de cabeças de alfinete formadas (52) foi registado no composto de 12 dias com o número correspondente de 28 corpos de fruto. Embora não tenha sido estatisticamente significativo ($p\geq0,05$) em relação ao composto fermentado de 4 e 8 dias (Quadro 4).

Tabela 4: Dias para completar a formação de semente, cabeça de alfinete e corpo de fruto e período de cultivo de *P. ostreatus* estirpe EM-1 cultivada em lignocelulose de arroz com diferentes pré-tratamentos

Treatment	Spawn run period (days)	Average mycelia growth rate (cm) MGR	Mycelial density	Days from bag opening to 1st flush	Average Interval between flushes (days)	Total no. of pinheads	Total no. of fruit bodies
0 (unfermented)	63	5.1	+++	2	15	31	21
4d	63	5.7	+++	3	16	30	22
8d	63	6.4	+++	3	16	41	26
12d	63	5.5	+++	3	17	41	25
A_5	42	6.7	+++	3	17	39	24
A_{10}	42	5.8	+++	4	17	38	25
A_{15}	42	5.4	+++	3	17	38	26
B_5	35	5.9	+++	3	20	37	25
B_{10}	35	5.4	+++	3	21	38	25
B_{15}	42	5.2	+++	4	20	45	28
C_5	42	4.9	+++	4	23	37	24
C_{10}	42	5.0	+++	4	23	40	26
C_{15}	42	5.1	+++	4	23	49	32
D_5	42	5.5	+++	5	24	53	38
D_{10}	42	4.8	+++	5	23	45	32
D_{15}	42	4.5	+++	5	24	39	27

Chave:

Grau de densidade micelial + + + (ou seja, os micélios colonizam totalmente o substrato através do saco e são uniformemente brancos).

Sem emenda 0, 4, 8 e 12 dias representam os compostos não fermentados e fermentados com os dias de compostagem correspondentes, respetivamente

A, B, C e D representam o dia inicial (0), 4, 8 e 12 dias de composto, respetivamente, que foram suplementados com 5%, 10% e 15% de farelo de arroz, respetivamente

3.4 Intervalo entre enxurradas e período de colheita

Registaram-se diferenças estatisticamente significativas ($p \leq 0,05$) entre alguns tratamentos, enquanto que, por outro lado, o intervalo médio entre lavagens foi estatisticamente semelhante (Quadro 3). O intervalo médio entre lavagens para todos os substratos formulados utilizados neste estudo variou entre um mínimo de 15 dias e um máximo de 24 dias, com um intervalo modal de 23 dias (Quadro 3). O número de enxaguamentos registados para todos os substratos variou entre 3-5 ao longo de 42 dias de cultivo. No entanto, todos os dados registados sobre *P. ostreatus* para o presente estudo foram baseados em três fluxos, uma vez que foi observado como o número modal de fluxos em todos os substratos testados nesta investigação. O número médio mais elevado de dias entre os fluxos foi obtido no composto de 12 dias suplementado com uma quantidade adicional de farelo de arroz (D5 e D15), ao passo que o número médio mínimo de dias entre os fluxos (14 dias) foi obtido no composto de substratos não fermentados (0 dia) (Quadro 3). Os intervalos médios entre os fluxos aumentaram geralmente com a suplementação e o período de compostagem, sendo mais curtos para o composto não suplementado (quadro 3). O intervalo médio entre fluxos para cogumelos cultivados na mistura de Engelberg variou entre 17-21 dias, o que foi superior aos resultados indicados por Stamets, 2000, que registou 7-14 dias para *P. ostreatus* (Quadro 3). Contudo, pode dizer-se que as diferentes condições ambientais, o substrato utilizado, os tratamentos aplicados e o vigor das posturas podem ter resultado na taxa de crescimento diferente de *P. ostreatus* (OCDE, 2005; Kang, 2004; Stamets, 2000).

Tabela 5: Dias para completar a colonização, densidade de micélios, cabeças de alfinete e formação de corpos de fruto com o período de cultivo da estirpe EM-1 de *P. ostreatus* cultivada em substrato de mistura de Engelberg

Treatment	Spawn run period (days)	Average mycelia growth density	Mycelial growth (cm)	Days from bag opening to 1st flush	Average Interval between flushes (days)	Total no. of pinheads	Total no. of fruit bodies
0	31	+++	6.2±0.90	3	17	64	42
4	31	+++	6.0±0.25	3	17	56	33
8	31	++	5.9±0.80	5	21	54	29
12	31	++	5.3±0.38	5	21	52	28

Chave:

Grau de densidade micelial quando os micélios colonizam totalmente o substrato +++ O micélio cresce totalmente através do saco e é uniformemente branco ++ O micélio cresce totalmente através do saco mas não é uniformemente branco + Crescimento irregular deficiente

3.5 Rendimento e eficiência biológica (BE) de corpos de frutificação de *Pleurotus ostreatus* de três fluxos

A influência de substratos de arroz formulados de forma diferente no desempenho da produção de *P. ostreatus* variou significativamente (p≤0,05) (Tabela 5). O rendimento mais elevado obtido apenas com palha de arroz foi de 154,7 g (BE = 53,3%) no substrato compostado durante 4 dias e foi estatisticamente significativo (p≤0,05) a partir do período de compostagem de 0, 8 e 12 dias (Tabela 5). Quando foi cultivado em palha de arroz suplementada com 1% de $CaCO_3$ e 10% de farelo de arroz (ou seja, RS+C+RB), o rendimento máximo foi de 160,6 e 156,1g (BE = 55,4 e 53,8%) após 8 e 12 dias, respetivamente. No entanto, estes não foram estatisticamente diferentes (p≥0,05) uns dos outros, mas foram estatisticamente diferentes (p≤0,05) daqueles cultivados em substrato compostado por 0 - 4 dias (Tabela 6). Quando a suplementação adicional de palha de arroz com farelo de arroz foi testada no desempenho do rendimento de *P. ostreatus,* não aumentou o rendimento significativamente (p≤0,05) em comparação com os dois tratamentos mencionados acima. Os rendimentos mais elevados registados foram 164,4, 163,4 e 151,0 g com valores de BE de 56,7, 56,3 e 52,1% respetivamente) e foram obtidos em composto de palha de arroz de 8 e 12 dias suplementado com a respectiva quantidade de farelo de arroz (5, 10 e 15% de farelo de arroz; ou seja, Dio, C5 e C15 respetivamente (Quadro 7). *P. ostreatus* cultivado numa combinação de palha de arroz e casca de arroz (1: lw/w) aumentou significativamente o rendimento (p≤0,05) em comparação com os três outros substratos de palha de arroz formulados avaliados neste estudo. Os rendimentos máximos registados foram 175,8, 179,5 e 183,5g (BE = 60,8, 61,9 e 63,3%) em 8 e 12 dias de combinação de palha e casca de arroz suplementada com farelo de arroz adicional (C_{15}, D_{15} e D_{10}) respetivamente (Tabela 8). Pelo contrário, o rendimento mais baixo (84,4 g; BE = 29,1%) registado no presente estudo foi obtido com palha de arroz não fermentada (0 dia) suplementada com 10% de farelo de arroz (A_{10}) (Quadro 8). Entre os vários substratos de mistura de Engelberg não tratados e pré-tratados utilizados neste estudo, o rendimento fresco máximo (113,8 g) com a correspondente Eficiência Biológica mais elevada de 45,5% foi obtido em substrato de Engelberg não fermentado alterado com 1% de $CaCO_3$ e 10% de farelo de arroz (Quadros 9-11).

Os dados obtidos neste trabalho são muito mais elevados do que os relatados por Frimpong-Manso et al., 2011, quando a casca de arroz foi utilizada como substrato e aditivo para a compostagem de wawa *Triplochiton scleroxylon* para verificar a sua contribuição para a eficiência biológica (BE) e o teor de nutrientes de *Pleurotus ostreatus* (Jacq. ex. Fr.) Kummer.

Quadro 6: Rendimento total e eficiência biológica da estirpe EM-1 de *P. ostreatus* cultivada em palha de arroz não tratada

Period of composting / day(s)	Yield / Flush (g)			Total Yield (g)	Biological Efficiency (%)
	1st Flush	**2nd Flush**	**3rd Flush**		
0	61.8±6.4	24.2±5.9	20.6±3.7	106.6[a]	36.8
4	82.1±9.7	49.3±12.9	23.3±6.1	154.7[b]	53.3
8	85.3±6.9	27.9±6.7	30.5±4.0	143.7[c]	49.6
12	57.2±8.7	49.7±6.4	17.8±3.5	124.7[d]	43.0

Chave:

As letras indicam diferenças significativas a 95%, de acordo com o teste ANOVA de uma via. Os valores na mesma coluna seguidos de uma letra diferente diferem significativamente entre si. Todos os valores são médias de cinco réplicas.

Tabela 7: Rendimento total e eficiência biológica da estirpe EM-1 de *P. ostreatus* cultivada em substrato de palha de arroz com adição (suplementação) de 1% de $CaCO_3$ e 10% de farelo de arroz

Period of composting / day(s)	Yield / Flush (g)			Total Yield (g)	Biological Efficiency (%)
	1st **Flush**	2nd **Flush**	3rd **Flush**		
0	75.6 ± 4.7	31.2 ± 3.4	23.2 ± 3.1	130.0^b	44.8
4	75.0 ± 6.9	30.4 ± 7.3	26.4 ± 6.2	131.8^b	45.5
8	70.6 ± 6.4	51.4 ± 3.4	38.6 ± 2.9	160.6^d	55.4
12	74.4 ± 7.5	54.5 ± 8.2	27.2 ± 8.2	156.1^d	53.8

As letras indicam diferenças significativas a 95%, de acordo com o teste ANOVA de uma via. Valores na mesma coluna seguidos de uma letra comum não diferem significativamente. Todos os valores são médias de cinco réplicas.

Quadro 8: Rendimento total e eficiência biológica da estirpe EM-1 de *P. ostreatus* em substrato de palha de arroz alterado com 1% de $CaCO_3$ e 10% de farelo de arroz antes da compostagem e suplementado com uma quantidade adicional (5,10 e 15%) de farelo de arroz antes do ensacamento

Period of composting (day(s))	Treatment	Yield / Flush (g)			Total Yield (g)	Biological Efficiency (%)
		1st Flush	2nd Flush	3rd Flush		
0	A5	41.6 ± 8.2	25.1 ± 4.0	23.3 ± 4.5	90.0[a]	31.0
	A10	39.1 ± 4.8	28.5 ± 2.7	16.8 ± 3.3	84.4.[a]	29.1
	A15	33.4 ± 6.8	28.7 ± 7.2	23.9 ± 4.0	86.0[a]	29.7
4	B5	38.6 ± 8.0	45.4 ± 3.6	27.9 ± 5.1	111.9[c]	38.6
	B10	56.6 ± 5.4	41.3 ± 4.5	27.9 ± 9.2	125.8[b]	43.4
	B15	54.1 ± 10.0	42.8 ± 5.2	30.7 ± 4.2	127.6[b]	43.7
8	C5	71.5 ± 5.9	52.2 ± 6.5	40.7 ± 7.2	164.4[e]	56.7
	C10	54.8 ± 7.3	39.6 ± 10	38.7 ± 8.3	133.1[b]	45.9
	C15	45.9 ± 7.7	55.3 ± 6.5	49.8 ± 6.1	151.0[d]	52.1
12	D5	51.7 ± 7.1	40.5 ± 7.4	31.3 ± 4.0	123.5[b]	42.6
	D10	71.8 ± 4.1	49.9 ± 4.7	41.7 ± 3.1	163.4[e]	56.3
	D15	52.2 ± 8.1	44.1 ± 4.7	33.6 ± 9.7	129.9[b]	44.8

As letras indicam diferenças significativas a 95%, de acordo com o teste ANOVA de uma via. Valores na mesma coluna seguidos de uma letra comum não diferem significativamente. Todos os valores são médias de cinco réplicas.

Chaves:

A, B, C e D representam o dia inicial (0), 4, 8 e 12 dias de compostagem com 5%, 10% e 15% de farelo de arroz, respetivamente

Tabela 9: Desempenho da produção e eficiência biológica de *P. ostreatus* EM-1 cultivado em mistura de palha de arroz e casca de arroz (1:1 w/w) emendada com 1% de $CaCO_3$ e 10% de farelo de arroz e compostada durante 0-12 dias antes da suplementação com diferentes quantidades de fonte de azoto (5, 10 e 15% de farelo de arroz) no ensacamento antes da esterilização

Period of composting (day(s))	Treatments	Yield / Flush (g)			Total Yield (g)	Biological Efficiency (%)
		1st Flush	2nd Flush	3rd Flush		
0	A_5	75.6±2.9	30.5±2.4	14.2±1.3	120.3[b]	41.5
	A_{10}	53.2±4.1	41.6±3.5	23.8±1.7	118.6[b]	40.9
	A_{15}	43.8±3.0	31.2±2.8	24.5±2.1	99.5[a]	34.3
4	B_5	52.2±2.6	34.9±5.6	25.5±2.4	112.6[b]	38.8
	B_{10}	50.2±4.7	36.6±1.8	34.3±6.7	121.1[b]	41.8
	B_{15}	51.7±5.2	51.0±2.3	31.6±3.7	134.3[c]	46.3
8	C_5	53.7±3.1	49.8±3.3	27.8±1.2	131.3[c]	45.3
	C_{10}	65.3±5.1	40.7±1.7	15.2±0.7	121.2[b]	41.8
	C_{15}	61.9±5.7	57.4±3.9	56.5±7.1	175.8[ab]	60.8
12	D_5	84.9±6.3	67.1±4.9	31.5±4.5	183.5[ab]	63.3
	D_{10}	78.9±3.8	55.0±2.6	33.8±4.8	167.7[c]	57.8
	D_{15}	78.1±4.5	53.6±3.5	47.8±6.4	179.5[ab]	61.9

As letras indicam diferenças significativas a 95%, de acordo com o teste ANOVA de uma via.

Valores na mesma coluna seguidos de uma letra comum não diferem significativamente. Todos os valores são médias de cinco réplicas.

Legenda: A, B, **C** e **D** representam o dia inicial (0), 4, 8 e 12 dias, respetivamente 5%, 10% e 15% de farelo de arroz, respetivamente

Quadro 10: Rendimento por fluxo e eficiência biológica da estirpe EM-1 de *P. ostreatus* cultivada em substrato de mistura de Engelberg sem alterações

Period of composting / day(s)	Yield / Flush (g)			Total Yield (g)	Biological Efficiency (%)
	1st Flush	2nd Flush	3rd Flush		
0	51.1 ± 4.7	26.8 ± 4.8	10.5 ± 2.6	88.4^a	35.2
4	46.4 ± 5.4	20.7 ± 3.9	11.4 ± 2.0	78.5^a	31.4
8	25.7 ± 4.8	20.3 ± 3.6	9.6 ± 2.0	55.6^b	22.2
12	28.9 ± 3.6	14.9 ± 2.8	11.8 ± 3.0	55.6^b	22.2

As letras indicam diferenças significativas a 95%, de acordo com o teste ANOVA de uma via. Valores na mesma coluna seguidos de uma letra comum não diferem significativamente. Todos os valores são médias de cinco réplicas.

Quadro 11: Rendimento e eficiência biológica de *P. ostreatus* cultivado em substrato de mistura de Engelberg com 1% de $CaCO_3$ e 10% de farelo de arroz

Period of composting / day(s)	Yield / Flush (g)			Total Yield (g)	Biological Efficiency (%)
	1st Flush	2nd Flush	3rd Flush		
0	55.5 ± 3.3	30.5 ± 4.1	36.2 ± 4.6	122.2[a]	48.9
4	39.3 ± 8.2	35.5 ± 8.2	17.2 ± 2.6	92.0[b]	36.8
8	33.6 ± 2.9	24.5 ± 4.8	18.1 ± 2.5	76.2[c]	30.5
12	37.5 ± 6.2	24.8 ± 4.3	18.5 ± 1.5	80.8[c]	32.3

As letras indicam diferenças significativas a 95%, de acordo com o teste ANOVA de uma via. Os valores na mesma coluna seguidos de uma letra diferente diferem significativamente entre si. Todos os valores são médias de cinco réplicas

Placa 3a: Cabeças de alfinete e corpos de frutificação maduros de *Pleurotus ostreatus* Estirpe EM-1 em substrato de palha de arroz na casa de culturas

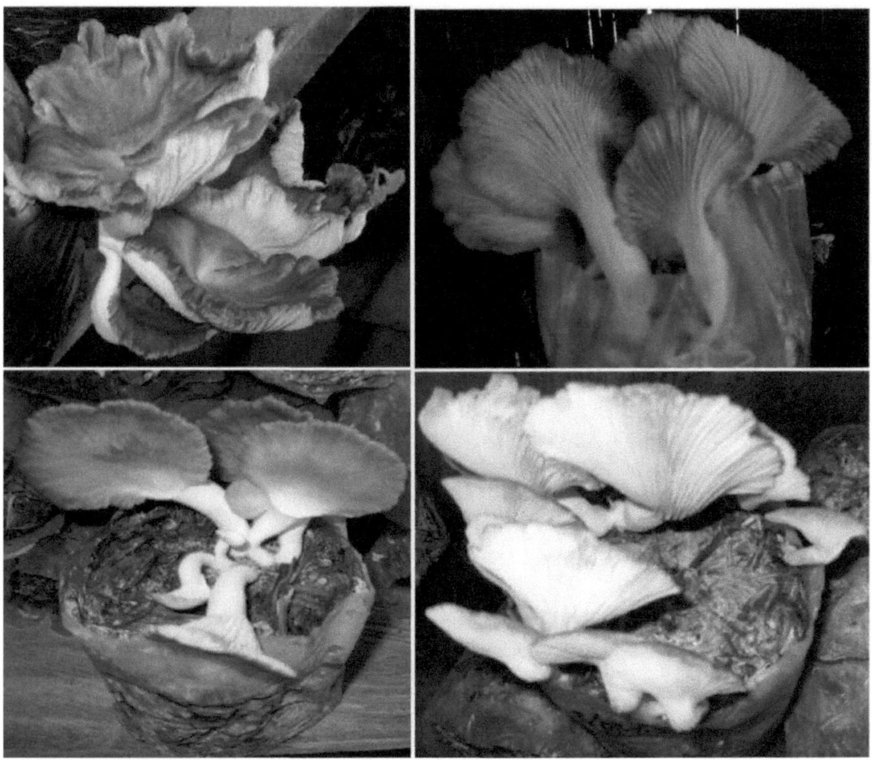

Placa 3b: Fotografias mostrando a face adaxial e abaxial dos corpos de frutificação de *Pleurotus ostreatus.*

3.6 Análise da composição aproximada e da concentração mineral dos corpos de frutificação de *Pleurotus ostreatus*

Nas nossas experiências, os diferentes substratos de lignocelulose de arroz formulados, quer pré-tratados quer não tratados, não afectaram significativamente ($p \geq 0,05$) a composição nutricional de *P. ostreatus* (Tabelas 11 e 13). Por exemplo, não se registaram diferenças significativas ($p \geq 0,05$) no teor de matéria seca, cinzas totais, gordura total e hidratos de carbono das amostras, independentemente do tratamento. A gordura total variou de 11,18 - 12,97% mas numericamente o mais alto (12,97%) foi registado na amostra de cogumelo cultivada em composto de palha de arroz de 4 dias (RS) (Quadro 11). A fibra bruta variou entre 13,32 - 15,26%, tendo sido registado o valor mais elevado para *P. ostreatus* cultivado em composto de palha de arroz de 8 dias suplementado com 5% de farelo de arroz (RS+C+%RB; C5). As cinzas totais registadas variaram entre 9,30 - 10,54% com o conteúdo correspondente de hidratos de carbono a variar entre 17,37 - 23,20% (Quadro 11). O teor mais elevado de cinzas totais e de hidratos de carbono foi registado na palha de arroz suplementada com1% $CaCO_3$ e 10% de farelo de arroz e apenas palha de arroz (RS+C+RB e RS), respetivamente. O teor mais elevado de proteínas brutas (33,15%) foi registado com RS+C+%RB; C_5 enquanto o mais baixo (24,07%) foi registado apenas com palha de arroz (RS). O teor energético de *P. ostreatus* neste estudo variou de 305,81 - 312,70 kcal/100g e as diferenças observadas não foram estatisticamente significativas (p≥0,05) entre os vários substratos utilizados. A energia mais elevada foi obtida em cogumelos cultivados em mistura de palha e casca de arroz suplementada com 5% de farelo de arroz [RS+C+%RB (D_5)] 312,70 Kcal/100mg (Quadro 11). Dez elementos minerais detectados no cogumelo foram Ca, Cu, Fe, K, Mg, Na, P, Pb, Mn e Zn (Quadro 14). Observou-se que os conteúdos minerais variavam consideravelmente de acordo com o substrato utilizado, mas o conteúdo mais elevado de Ca (1,076mg/kg) foi obtido apenas com palha de arroz, enquanto o mais baixo (0,415mg/kg) foi registado com uma mistura de palha e casca de arroz. O teor de Mg variou de 1,151 - 1,491 mg/kg, sendo o mais elevado registado na amostra de cogumelos cultivada em palha de arroz suplementada com farelo de arroz adicional. Os teores de K, Na e P foram detectados em quantidades apreciáveis. Por exemplo, os seus valores variaram como se segue: K (14.00- 17.00 mg/kg), Na (7.0 - 8.0 mg/kg) e P (5.22 -14.25 mg/kg) (Quadro 14). Embora tenham sido detectados metais pesados como Cu, Fe, Mn, Pb e Zn, estes também se encontravam em concentrações muito baixas (Quadro 14).

As análises proximais de *Pleurotus ostreatus* cultivado em substrato de mistura de Engelberg alterado registaram 17,8% de gordura, 5,56% de fibra bruta, proteína bruta (28,55%), cinzas (1,46%) e hidratos de carbono (21,60%), ao passo que o substrato de Engelberg não alterado (mistura de casca de arroz e farelo de arroz como um substrato) registou a % de gordura mais elevada (19,90%) e fibra bruta (9,50%) (Tabela 12). Com exceção dos teores de cinzas e de hidratos de carbono, os valores dos dados obtidos nesta investigação foram mais elevados do que os relatados por Frimpong-Manso et al. (2011).

Quadro 12: Análise aproximada do cogumelo *Pleurotus ostreatus* estirpe EM-1 com base na matéria seca (DMB) cultivado em diferentes materiais lignocelulósicos de arroz formulados (palha de arroz, casca de arroz e as suas combinações indicadas)

Treatment code	% Dry Matter	% Fat	% Crude Fibre	% Crude Protein	% Total Ash	% Carbohydrate	Energy (kcal/100g)	% NDF
RS	83.44	12.97	14.92	24.07	9.30	23.20	305.81	50.31
RS+C+RB	88.98	11.74	12.38	32.93	10.54	17.37	306.86	39.80
RS+C+%RE	84.40	11.18	15.26	33.15	9.83	19.87	312.70	34.39
RS+H+%RE	84.36	11.36	13.32	31.91	10.38	20.65	312.44	44.24

Chave: Pré-tratamento aplicado aos resíduos de arroz

RS - apenas palha de arroz (sem aditivos)

RS+C+RB - palha de arroz com% de $CaCO_3$ e 10% de farelo de arroz

RS+C+%RB - palha de arroz suplementada com diferentes proporções de farelo de arroz (5,10 e 15%)

RS+H+%RB - substrato de combinação de palha de arroz e casca de arroz (1:1) suplementado com diferentes proporções de farelo de arroz (5,10 e 15%)

NDF- Fibra detergente neutra

*Base de Matéria Seca **(DMB):** significa que o peso da humidade da amostra foi eliminado e que os resultados apenas expressam o teor de humidade do peso real da amostra. Assim, se uma amostra tiver 95% de DMB (Base de Matéria Seca), isso significa que a humidade contribuiu para 5% do peso da amostra.

Ou seja, **1 grama** de uma determinada amostra contém 0,05 gramas de humidade e 0,95 gramas do peso real da amostra.

3.7 Análises bioquímicas da mistura de Engelberg não alterada e da mistura de Engelberg alterada (isto é, mistura de casca de arroz e farelo de arroz), (1% $CaCO_3$ e 10% farelo de arroz)

A lignina, a hemicelulose e a celulose aumentaram, em geral, com o aumento do período de fermentação da mistura de Engelberg, ao passo que o teor de sílica permaneceu estatisticamente o mesmo, mas diferiu marginalmente (numericamente) tanto para o substrato de Engelberg sem emenda como para o substrato de Engelberg emendado (Figs. 3 e 4). O teor de proteína bruta variou em função do período de fermentação (compostagem) e do tratamento do substrato; no entanto, registou-se um aumento marginal de 4,48% no substrato não fermentado para 4,61% após 12 dias de fermentação (compostagem) (Figs. 3 e 4) para o substrato de mistura de Engelberg não alterado. Por outro lado, a proteína bruta da mistura de Engelberg alterada com 1% de $CaCO_3$ e 10% de proteína bruta de farelo de arroz diminuiu com o aumento dos períodos de fermentação (compostagem) 5,06% - 4,19% para 0 dias de compostagem não fermentada e 12 dias de compostagem, respetivamente (Fig. 4). A matéria seca aumentou de 88,82 para 90,79% no período de 12 dias para a mistura de Engelberg alterada, embora não tenha sido estatisticamente significativo (P>0,05) (Fig. 4). O conteúdo de

sílica, por outro lado, diminuiu de 21,06 -17,39% em 8 dias, após o que houve um aumento

marginal para 18,35% em 12 dias de compostagem (Fig. 4). Os Quadros 15 e 16 apresentam os

valores nutricionais de sete cogumelos silvestres e cultivados no Gana. Isto confirma a riqueza

de nutrientes e o valor terapêutico para a saúde dos nossos cogumelos indígenas.

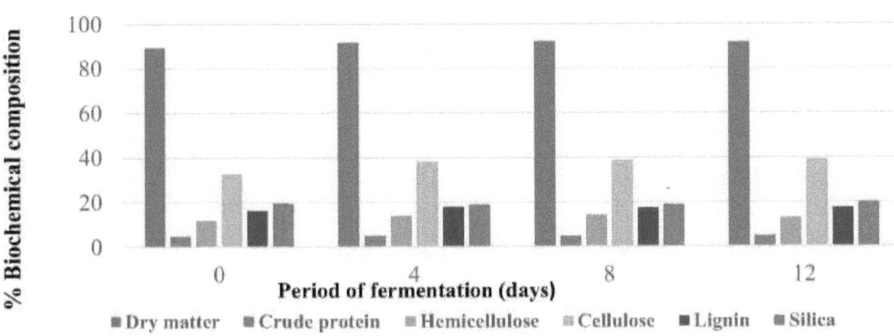

Fig3 : Análises bioquímicas do substrato cru (0 dia) e fermentado da mistura de Engelberg
utilizado para o cultivo de *Pleurotus ostreatus*

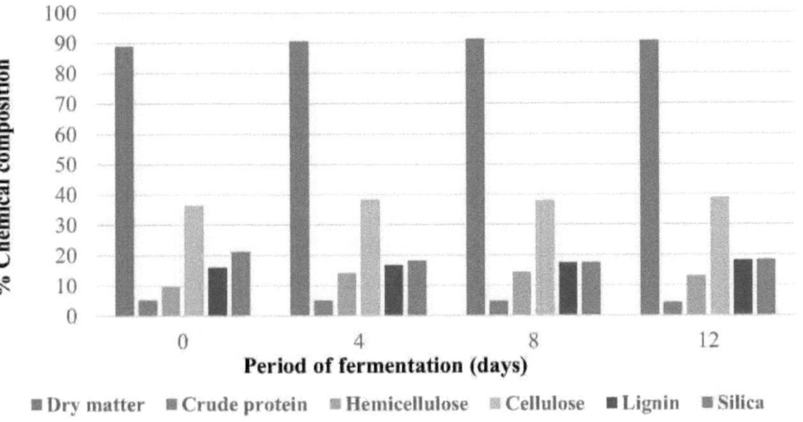

Fig. 4: Composição química do substrato de mistura de Engelberg não fermentado (0 dia) e
fermentado, modificado com 1% de $CaCO_3$ suplementado com 10% de arroz

Quadro 13: Análise aproximada do cogumelo *Pleurotus ostreatus* estirpe EM-1 cultivado em mistura de Engelberg não fermentada pré-tratada e não tratada

Treatment per substrate	% DRY Matter	% Fat	% Crude Fibre	% Crude Protein	% Total Ash	% Carbohydrate	% NDF
0 day (Amended)	85.50	17.8	5.56	28.55	1.46	21.60	43.87
0 (Unamended)	86.52	19.90	9.50	26.22	1.39	19.51	39.92

Chave:

Dados registados com base na matéria seca (DMB)

0 dias de composto - não fermentado

Mistura Engelberg alterada - 1 % de CaCO suplementado$_3$ e 10% de farelo de arroz adicional

Mistura de Engelberg sem alterações (sem suplementação com 1% de $CaCO_3$ ou 10% de farelo de arroz adicional).

Quadro 14: Composição mineral total da estirpe EM-1 de *Pleurotus ostreatus* cultivada em diferentes materiais de lignocelulose de arroz.

Treatment code	Mineral content (mg/kg)									
	Ca	Cu	Fe	K	Mg	Mn	Na	P	Pb	Zn
RS	1.0760	0.0800	0.3080	14.0000	1.2440	0.0180	7.5000	5.2200	0.1650	0.2500
RS+C+RB	0.4830	0.0050	0.3500	17.0000	1.3800	0.0260	8.0000	14.2500	0.1600	0.1820
RS+C+%RB	0.8910	0.0000	0.3220	15.5000	1.4910	0.0130	7.0000	10.6750	0.1410	0.1970
RS+H+%RB	0.4150	0.0000	0.3060	16.7500	1.1510	0.6240	7.5000	12.7950	0.1570	0.1500

Chave:

RS - apenas palha de arroz (sem aditivos)

RS+C+RB - palha de arroz com% de $CaCO_3$ e 10% de farelo de arroz

RS+C+%RB - palha de arroz suplementada com diferentes proporções de farelo de arroz (5%)

RS+H+%RB - substrato combinado de palha de arroz e casca de arroz (1:1) suplementado com diferentes proporções de farelo de arroz (5%).

*Os dados representam a média de quatro réplicas

Quadro 15: Valor nutricional e compostos lipofílicos dos cogumelos silvestres e cultivados listados do Gana (média ± SD)

	Pleurotus tuber-regium	*Termitomyces robustus*	*Lentinus squarrosulus* strain SQW	*Lentinus squarrosulus* strain LSF	*Pleurotus ostreatus* strain EM-1	*Pleurotus sajor-caju* strain PScW	*Auricularia auricularia*
Nutritional value	1.30 ± 0.3[e]	1.42 ± 0.01[de]	1.98 ± 0.18[b]	1.72 ± 0.05[c]	1.49 ± 0.01 [d]	2.93 ± 0.07[a]	0.82 ± 0.03[f]
Fat (g/100 g)	13.31 ± 0.010[d]	14.78 ± 0.07[c]	19.43 ± 0.76[b]	12.51 ± 0.36[d]	28.40 ± 0.86[a]	15.33 ± 0.45[c]	19.27 ± 0.80[b]
Ash (g/100 g)	6.29 ± 0.18 [a]	6.21 ± 0.45[a]	6.13 ± 0.24[ab]	5.60 ± 0.11[b]	5.96 ± 0.37[ab]	6.38 ± 0.09[a]	3.05 ± 0.43[c]
Carbohydrates (g/100g)	79.10 ± 0.22 [bc]	77.60 ± 0.34[c]	72.45 ± 0.88[d]	80.17 ± 0.34[b]	64.14 ± 0.93[e]	75.36 ± 0.38[d]	76.86 ± 0.63[a]
Energetic value (Kcal/100g)	381.34 ± 0.41[f]	381.34 ± 1.31[ef]	385.39 ± 0.02[cd]	386.16 ± 0.50[c]	383.64 ± 1.08[de]	389.15 ± 0.02[b]	391.88 ± 1.11[a]
Lipophilic compounds							
C6:0	0.11 ± 0.03	0.22 ± 0.05	0.12 ± 0.01	0.06 ± 0.00	0.06 ± 0.02	0.05 ± 0.01	0.07 ± 0.01
C8:0	0.10 ± 0.02	0.07 ± 0.00	0.06 ± 0.00	0.06 ± 0.00	0.04 ± 0.00	0.03 ± 0.01	0.07 ± 0.02
C10:0	0.11 ± 0.02	0.06 ± 0.11	0.04 ± 0.00	0.04 ± 0.0	0.05 ± 0.01	0.04 ± 0.01	0.05 ± 0.01
C12:0	0.29 ± 0.05	0.11 ± 0.00	0.09 ± 0.02	0.09 ± 0.02	0.07 ± 0.00	0.09 ± 0.01	0.11 ± 0.02
C14:0	1.12 ± 0.07	0.91 ± 0.03	0.53 ± 0.07	0.53 ± 0.07	0.44 ± 0.04	0.57 ± 0.06	0.59 ± 0.05
C14:1	0.09 ± 0.04	0.04 ± 0.00	0.03 ± 0.00	0.03 ± 0.00	0.03 ± 0.00	0.04 ± 0.01	0.04 ± 0.01
C15:0	1.79 ± 0.04	1.79 ± 0.05	1.51 ± 0.16	1.51 ± 0.16	0.94 ± 0.02	1.29 ± 0.09	2.02 ± 0.11
C15:1	0.61 ± 0.01	0.03 ± 0.01	0.08 ± 0.00	0.08 ± 0.00	0.05 ± 0.01	0.04 ± 0.01	0.03 ± 0.00
C16:0	21.19 ± 0.46	20.87 ± 0.30	18.04 ± 1.41	18.04 ± 1.41	14.31 ± 0.06	17.84 ± 0.87	18.75 ± 1.27
C16:1	0.61 ± 0.03	0.35 ± 0.00	0.33 ± 0.05	0.33 ± 0.05	0.24 ± 0.04	1.13 ± 0.13	0.25 ± 0.02
C17:0	1.46 ± 0.06	0.85 ± 0.30	1.05 ± 0.03	1.05 ± 0.03	0.36 ± 0.01	0.40 ± 0.03	0.41 ± 0.05
C18:0	9.58 ± 0.89	3.98 ± 0.10	3.07 ± 0.06	3.07 ± 0.06	4.36 ± 0.19	4.59 ± 0.08	11.26 ± 0.13
C18:1n9	21.21 ± 0.12	9.52 ± 0.29	8.67 ± 0.30	8.67 ± 0.30	18.30 ± 0.33	22.62 ± 0.31	27.20 ± 0.15
C18:2n6	32.28 ± 0.60	59.19 ± 0.17	63.34 ± 1.43	63.34 ± 1.43	58.46 ± 0.73	48.57 ± 1.46	34.61 ± 0.99
C18:3n3	1.08 ± 00.19	0.20 ± 0.03	1.03 ± 0.03	1.03 ± 0.03	0.20 ± 0.03	0.24 ± 0.04	1.67 ± 0.03

	Pleurotus tuber-regium	*Termitomyces robustus*	*Lentinus squarrosulus* strain SQW	*Lentinus squarrosulus* strain LSF	*Pleurotus ostreatus* strain EM-1	*Pleurotus sajor-caju* strain PScW	*Auricularia auricularia*
Lipophilic Compounds							
C 20:0	0.53 ± 0.05	0.12 ± 0.01	0.12 ± 0.01	0.09 ± 0.01	0.15 ± 0.01	0.18 ± 0.00	0.35 ± 0.04
C20:1	0.02 ± 0.02	0.09 ± 0.00	0.10 ± 0.02	0.08 ± 0.00	0.10 ± 0.02	0.08 ± 0.01	0.06 ± 0.01
C20:2	0.18 ± 0.00	0.14 ± 0.00	0.15 ± 0.01	0.16 ± 0.02	0.19 ± 0.03	$0/09 \pm 0.02$	0.13 ± 0.02
C20:3n3 + C21:0	0.21 ± 0.03	0.08 ± 0.01	0.10 ± 0.01	0.15 ± 0.01	0.18 ± 0.01	0.17 ± 0.01	0.08 ± 0.01
C20:5n3	nd	nd	nd	0.19 ± 0.03	0.18 ± 0.02	nd	nd
C22:0	1.16 ± 0.17	0.10 ± 0.01	0.25 ± 0.03	0.38 ± 0.09	0.33 ± 0.02	0.40 ± 0.07	0.75 ± 0.09
C22:1n9	1.90 ± 0.11	0.26 ± 0.00	0.23 ± 0.04	0.16 ± 0.08	0.20 ± 0.02	0.30 ± 0.02	0.16 ± 0.04
C23:0	1.72 ± 0.24	0.09 ± 0.00	0.09 ± 0.02	0.18 ± 0.05	0.08 ± 0.00	0.10 ± 0.00	0.07 ± 0.02
C24:0	3.03 ± 0.02	0.94 ± 0.09	0.59 ± 0.06	0.68 ± 0.02	0.69 ± 0.02	1.04 ± 0.02	1.33 ± 0.15
Total sf (% of Total FA)	42.19 ± 0.16^a	30.10 ± 0.05^c	27.43 ± 0.05^{ed}	25.78 ± 0.15^d	21.87 ± 0.03^e	26.62 ± 0.09^d	35.82 ± 0.15^b
Total MUFA (% of total FA)	24.07 ± 0.07^b	10.28 ± 0.06^d	8.75 ± 0.06^d	9.36 ± 0.07^d	18.92 ± 0.07^c	24.21 ± 0.08^b	27.74 ± 0.20^a
Total PUFA (% of total FA)	33.75 ± 0.20^d	59.62 ± 0.06^b	62.82 ± 0.26^{ab}	64.87 ± 0.30^a	59.21 ± 0.16^b	49.17 ± 0.38^c	36.44 ± 0.26^d

Nd - não detectado. Ácido caproico (C6:0; ácido caprílico (C8:0); ácido cáprico (C10:0); ácido láurico (C12:0); ácido mirístico (C14:0), ácido miristoleico (C14:1); ácido pentadecanóico (C15;0), ácido *cis-10-* pentadecanóico (C15:1); ácido palmítico (C16:0); ácido palmitoleico (C16:1); ácido heptadecanóico (C17:0); ácido esteárico (C18:0); ácido oleico (C18:1n9); ácido 12-linoleico (C18:2n6); ácido a-linoleico (C20:3n3 + C21:0); ácido araquídico (C20:0); ácido eicosenóico (C20:1); ácido *cis-* 11,14-eicosadenóico (C20:2); ácido *cis-11*,14,17-eicosatrienóico e ácido heneicosanóico (C20:3n3 + C21:0); ácido *cis-* 5,8,11,14,17-icosapentaenóico (C20: 5n3); ácido beénico (C22:0), ácido erúcico (C22:1n9); ácido tricosanóico (C23:0); ácido lignocérico (C24:0).

Em cada linha, letras diferentes significam diferenças significativas entre as espécies *(p < 0,05)*.

Após Obodai et al., 2014c

Legenda

SFA total - ácido gordo saturado

Total de MUFA - ácidos gordos monoinsaturados

PUFA total - ácidos gordos polinsaturados

Quadro 16: Composição em compostos hidrofílicos dos cogumelos silvestres e cultivados listados do Gana (média ± SD)

	Pleurotus tuber-regium	*Termitomyces robustus*	*Lentinus squarrosulus* strain SQW	*Lentinus squarrosulus* strain LSF	*Pleurotus ostreatus* strain EM-1	*Pleurotus sajor-caju* strain PScW	*Auricularia auricularia*
Free sugars (g/100g dw)							
Fructose	nd	nd	nd	0.55 ± 0.15^a	0.30 ± 0.09^b	0.32 ± 0.01^b	nd
Mannitol	0.35 ± 0.00^e	4.71 ± 0.16^a	0.70 ± 0.03^d	1.43 ± 0.22^c	0.87 ± 0.02^d	1.99 ± 0.07^b	0.68 ± 0.01^d
Sucrose	nd	nd	nd	nd	nd	nd	0.67 ± 0.02
Trehalose	1.50 ± 0.03^f	9.92 ± 0.34^c	11.09 ± 0.20^b	12.76 ± 0.34^a	12.74 ± 0.13^a	6.61 ± 0.10^d	2.52 ± 0.01^e
Total sugars	1.85 ± 0.03^a	14.63 ± 0.50^a	$11.79 \; 0.22^c$	14.74 ± 0.71^a	13.91 ± 0.05^b	8.92 ± 0.18^d	3.87 ± 0.03^e
Organic acids (g/100g dw)							
Oxalic acid	0.69 ± 0.00^a	0.33 ± 0.01^b	0.17 ± 0.01^e	0.30 ± 0.00^c	0.29 ± 0.01^{cd}	0.32 ± 0.00^b	0.27 ± 0.02^d
Fumaric acid	0.01 ± 0.01^d	0.16 ± 0.01^a	0.09 ± 0.01^c	0.13 ± 0.02^a	0.18 ± 0.02^a	0.18 ± 0.00^a	0.01 ± 0.01^d
Total organic acids	0.70 ± 0.01^a	0.49 ± 0.00^a	0.26 ± 0.01^d	$0.43 + 0.02^c$	0.47 ± 0.03^b	0.50 ± 0.00^b	0.28 ± 0.03^d
Phenolic acids and cinnamic acid (mg/100g dw)							
p-Hydroxybenzoic acid	0.08 ± 0.00^g	2.43 ± 0.02^b	4.46 ± 0.04^a	1.40 ± 0.03^d	1.56 ± 0.01^c	0.43 ± 0.03^f	1.09 ± 0.02^e
p-Coumaric acid	nd	0.24 ± 0.01^a	0.21 ± 0.01^b	nd	0.21 ± 0.01^b	nd	nd
Total phenolic acids	0.08 ± 0.02^g	2.67 ± 0.03^b	4.67 ± 0.05^a	1.40 ± 0.03^d	1.77 ± 0.02^c	0.43 ± 0.03^f	1.09 ± 0.02^e
Cinnamic acids	nd	8.06 ± 0.01^a	0.57 ± 0.01^a	0.79 ± 0.01^e	1.82 ± 0.01^b	0.13 ± 0.01^e	0.10 ± 0.1^f

Nd-não detectado. Em cada linha, letras diferentes significam diferenças significativas entre as espécies *(p < 0,05)*. Após Obodai et al., 2014c

CAPÍTULO QUATRO

4.0 DISCUSSÃO

4.1 pH e teor de humidade do substrato

O pH médio e o teor de humidade (MC %) dos substratos utilizados para o cultivo de *P. ostreatus* variaram entre pH 6,0 - 7,4 e 65,0 - 70,0%, respetivamente. Esses dados concordam com os resultados relatados por vários pesquisadores (Ajonina & Tatah. 2012; Alam, Lee & Lee, 2010; Nwokoye, Kuforiji & Oni, 2010; Obodai et al., 2011; Stamets, 2011; Tesfaw, Tadesse & Kiros, 2015). Verificaram que, em geral, a gama de pH óptima para o crescimento de *Pleurotus ostreatus* era de pH 5,04 - 8,0 e o melhor teor de humidade era de 60 - 75%. Observámos que o crescimento micelial de *P. ostreatus* cultivado em substrato de mistura Engelberg teve um melhor desempenho em substrato não fermentado alterado. Isto pode dever-se principalmente ao facto de o pH 6,5 registado estar dentro do intervalo de pH ótimo (5,5-6,5) para um crescimento micelial ótimo relatado por Wiafe-Kwagyan, 2014; Frimpong-Manso et al., 2011; Stamets, 2000) e outros trabalhadores op. cit.

4.2 Número de dias necessários para a colonização completa do substrato e densidade micelial

O número de dias (tempo) necessários para a colonização completa do substrato por *P. ostreatus* variou de 35 a 63 dias, com um dia médio de 42 dias em substratos pré-tratados e não tratados, dependendo do tratamento. Geralmente, o período total de colonização para o nosso estudo foi mais elevado (35 - 63 dias) em comparação com os relatados por outros investigadores (Ajonina & Tatah, 2012; Oei et al., 2005; Oei, 1996; Obodai et al., 2003; Pathmashini, Arulnandhy & Wijeratnam, 2008; Stamets, 2000). No entanto, os nossos

54

resultados actuais estão de acordo com Oseni et al. (2012), que relataram 36 - 64 dias para a colonização completa em bagaço de cana-de-açúcar. Iqbal, Rauf & Sheik (2005) registaram 37 dias para a conclusão da colonização total em estirpes exóticas de *Pleurotus ostreatus* em bagaço de cana-de-açúcar. Apesar da variação nos dias para a colonização completa observada no nosso estudo, não houve diferenças estatísticas ($p \geq 0,05$) na densidade micelial visual, uma vez que o crescimento micelial através dos sacos era uniformemente branco em todos os tratamentos (Quadro 1). Curiosamente, o número de dias para a colonização completa do substrato de Engelberg por *P. ostreatus* foi igual (30 dias) para o substrato fermentado (0, 4, 8 e 12) dias. Este número foi inferior ao número de dias (20 - 47 dias) utilizados pelo mesmo fungo para cobrir completamente os substratos que foram formulados com diferentes concentrações de casca de arroz (Frimpong-Manso et al. ,2011).

4.3 Primórdios (cabeças de alfinete) e formação do corpo de frutificação

O tempo desde a estimulação até à iniciação dos primórdios variou de 2-5 dias, com dias modais de 3 dias, dependendo do tratamento (Quadro 1). O tempo mais curto desde a estimulação até à formação dos primórdios e subsequente formação do corpo de frutificação foi de 2 dias em palha de arroz não fermentada. O tempo mais longo para a formação dos primórdios foi registado em substratos de arroz de 12 dias suplementados com 5,10 e 15% de farelo de arroz (D_5 , D_{10} e D_{15} %). Este tempo é mais curto do que o registado por Debu et al. (2014) (6 - 8 dias) e Patra e Pani (1995), que descobriram que o pleuroto demorava 4 - 8 dias para iniciar os corpos de frutificação. Os nossos dados concordam com os resultados registados por (Nallathambi & Marimuthu, 1994; Oei, 1996; Obodai et al., 2011). Foi relatado que a composição nutricional dos substratos é crucial para determinar como ocorre o início do crescimento dos micélios. Stamets (2005) e Narain et al. (2008) mostraram que o crescimento micelial e o desenvolvimento primordial dos cogumelos dependem dos materiais lignocelulósicos, especialmente da relação C: N. Presumivelmente, o rácio C: N do substrato utilizado na nossa investigação foi conducente à formação de primórdios que conduziram a uma frutificação bem sucedida. O tempo decorrido para *P. ostreatus* cultivado em substrato de mistura de Engelberg desde a abertura do saco até à formação de primórdios variou entre 2-3 dias, o que foi ainda mais curto do que quando o mesmo substrato foi combinado com substrato de palha de arroz.

4.4 Intervalo entre enxurradas e período de colheita

O intervalo entre os fluxos variou de 14 a 24 dias, consoante a alteração do substrato. O intervalo médio de 23 dias, com o maior número de dias registado entre os fluxos, foi obtido num substrato compostado durante 12 dias, enquanto o menor número de dias entre os fluxos foi de 14 dias registado num composto não fermentado (0 dia). Os dados obtidos no presente estudo foram superiores aos 7-14 dias obtidos por Stamets (2000). Obodai et al. (2011) registaram 12-19 dias para *P. ostreatus*, o que se enquadra no mesmo intervalo de tempo que nós registámos. O número médio de fluxos para os tratamentos variou entre 2-5 durante os 42 dias de cultivo (dados não apresentados). Este resultado está de acordo com Mandeel, Al-Laith e Mohamed (2005) e Obodai et al. (2011) que registaram 2-5 dias e 2-6 dias, respetivamente, quando *P. ostreatus* foi cultivado com vários resíduos lignocelulósicos (papel, cartão, fibra e serradura). A palha de arroz apenas (RS) teve o menor número de fluxos, 2. A palha de arroz com serradura compostada e aditivos deu um maior número de fluxos (5), enquanto o controlo (ou seja, serradura compostada apenas com aditivos) deu 4 fluxos durante o período de estudo. Observou-se que nem todas as cabeças de alfinete (primórdios) formadas nos diferentes tratamentos resultaram em corpos de frutificação e o número de primórdios "abortados" variou de 8-17, dependendo do substrato usado (quadro 1). Este efeito pode ter influenciado a produção de cogumelos e a eficiência biológica BE nos diferentes substratos. Quando o mesmo fungo foi cultivado em substratos de Engelberg, o intervalo entre fluxos variou entre 17-21 dias, com uma média de 17 dias de intervalo entre todos os fluxos.

4.5 Desempenho da produção de cogumelos e eficiência biológica

Claramente, pode ser resumido que os diferentes tratamentos (ou seja, compostagem ou suplementação) de substratos de arroz tiveram um efeito significativo (P<0,05) no desempenho do rendimento de *P. ostreatus*. Isto está de acordo com o relatório recente de Obodai et al. (2011); Wiafe-Kwagyan (2014); e Pokhrel, Yadav & Ohga (2009). Philippoussis, Zervakisi & Diamantopoulou (2000); Philippoussis et al. (2004) mostraram que a palha de arroz picada não compostada e embebida em água é suficiente para o cultivo de *Pleurotus*. Alguns investigadores, como Visscher (1989) e Mahbabu et al. (2010), demonstraram que diferentes estirpes de *Pleurotus* respondem de forma diferente aos suplementos de substrato, à quantidade de suplementação e aos factores ambientais no que diz respeito à evolução do micélio, ao rendimento médio e à qualidade do cogumelo. Estes factores podem explicar parcialmente as variações observadas no desempenho do rendimento de *P. ostreatus* nos diferentes substratos de resíduos de arroz formulados. Regista-se pela primeira vez no Gana uma elevada eficiência biológica de *P. ostreatus* (41,5 - 63,3%) em palha de arroz compostada durante 0 -12 dias. Isto é melhor do que o período de fermentação de 28 dias necessário para o cultivo de *P. ostreatus* em serradura 'wawa' *(Triplochiton scleroxylon)* (Obodai et al., 2000; 2003; 2011).

Uma vasta gama de enzimas, tais como lacases e xilanases produzidas por micélios de cogumelos (Datta e Chakravarty, 2001; Lo, Ho & Buswell, 2001; Ortega et al., 1992; Oseni et al., 2012; Yildiz, Karakaplan & Aydin, 1998) são capazes de utilizar compostos orgânicos complexos. *P. ostreatus*, tal como *P. eous* (Wiafe-Kwagyan et al., 2016), parece ter utilizado eficientemente substratos de palha de arroz compostados e não compostados, provavelmente devido à possível indução "de novo" de algumas enzimas pelos substratos responsáveis pela utilização eficiente por *P. ostreatus*. Foi demonstrado que a palha de arroz contém celulose (34,36 - 38,82)%, hemicelulose (20,81 - 24,79)%, lignina (5,39 - 8,9)% e sílica (11,74 - 14,29)%, proteína bruta (4,41 - 5,36)% que poderia fornecer um reservatório de celulose, hemicelulose, lignina e sílica para utilização por *P. ostreatus* (Wiafe-Kwagyan et al., 2016). Wiafe-Kwagyan et al, 2016; Wiafe-Kwagyan, 2014; relataram que o conteúdo médio de celulose (34,09±0,25)%, hemicelulose (23,09±0,35)% e lignina (7,29±0,60)% da palha de arroz crua e fermentada diminuiu para 32.34±0,97%, 3,79±0,15% e 7,26±0,33%, respetivamente, ao passo que o teor de proteína bruta (4,59±0,24)% aumentou para 7,76±0,48% no *Pleurotus eous* em composto de cogumelos usados de palha de arroz. Foi registado que, em média, os micélios de *P. ostreatus* converteram potencialmente 250 g de palha de arroz em 133,27±0,45 g de corpos de fruto (esporocarpos) com um valor correspondente de 53,3% de BE. De acordo com Patra e Pani (1995), o BE deve ser de pelo menos 50% para a rentabilidade do cultivo, uma vez que este valor é considerado como uma produtividade satisfatória. Por conseguinte, *P. ostreatus* pode efetivamente ser utilizado, de uma forma pragmática, para gerir os resíduos de arroz no Gana.

4.6 Análise aproximada e teor de minerais dos corpos de frutificação

Apesar de alguns investigadores (Ajonina & Tatah, 2012; Chukwurah et al., 2012; Debu et al., 2014; Syed et al., 2009) terem demonstrado que diferentes substratos formulados afectavam a composição nutricional dos cogumelos, os diferentes substratos de arroz formulados utilizados no presente estudo não afectaram estatisticamente (p>0,05) a composição nutricional básica de *P. ostreatus* (Tabelas 6 e 7). Por exemplo, não houve diferenças significativas (p≥0,05) entre o teor de humidade (83,44 - 88,98%); % de gordura (12,38 - 15,26%); % de proteína bruta variou entre 24,04 e 32,93%, enquanto % de cinzas totais variou entre 9,30 - 10,54% e % de hidratos de carbono totais registados variou entre 17,37 - 23,20%. O valor energético registado para *P. ostreatus* variou de 305,81 - 312,70 kcal/100g. Não foi estatisticamente significativo (p≥0,05) entre si, embora, numericamente, o valor energético mais elevado tenha sido obtido em cogumelos cultivados em mistura de palha e casca de arroz suplementada com 5% de farelo de arroz [RS+H+%RB (D$_5$)]. Mattila et al. (2001) verificaram que o teor de hidratos de carbono de *P. ostreatus* era de 62,5% e de 69,9% para *Lentinula edodes*, com base na matéria seca. A percentagem total de hidratos de carbono registada no presente estudo variou entre 17,37 - 23,30%, em contraste com 9,35 - 28,55% obtidos para *Pleurotus eous* nos mesmos substratos (Wiafe-Kwagyan et al., 2016). A proteína bruta do corpo de frutificação criado em palha de arroz tratada de forma variada variou de 24,04 - 32,93%, enquanto a obtida para *P. eous* nos mesmos tratamentos variou de 21,63 - 35,99% (Wiafe-Kwagyan et al., 2016). Estudos anteriores (Ahmed et al., 2013; Ragunathana & Swaminathan, 2003; Sharma et al., 2013; Sharma & Arora, 2013; Tesfaw et al., 2015) relataram um teor de proteína bruta de 23,1 - 34,8% para algumas espécies de *Pleurotus* quando cultivadas em resíduos agrícolas, como palha de arroz, palha de trigo, combinação de arroz e papel e bagaço de cana-de-açúcar. Anteriormente, Cheung (2010), Nuhu, Rahul, Abul e Tae, 2010; Nuhu et al. (2008) e Patil et al. (2010) obtiveram valores de proteína bruta que variaram de 15 - 35% em base de peso seco para *Pleurotus ostreatus* em combinações de soja e arroz paddy, enquanto Sueli, Sandra & Edmar (2002) registaram o maior teor de proteína (27,30%) em substrato de serradura de árvore Ipilipil. A fibra bruta detectada no corpo de frutificação criado nos vários compostos tratados variou de 13,32 - 15,26% e foi marginalmente inferior ao que foi registado por Nuhu et al. (2008) e superior ao que foi relatado por Sales-Campos e Andrade (2011). As diferenças observadas podem ser atribuídas ao estádio de desenvolvimento do composto, à variabilidade intra-genética das diferentes amostras e às condições pós-colheita que podem influenciar a composição química e o valor nutricional dos cogumelos cultivados (Manzi, Aguzzi & Pizzoferrato, 2001; Manzi et al., 1999). As cinzas totais (9,30 - 10,54%) registadas neste estudo coincidem com os resultados relatados por Ahmed et al. (2013) para diferentes estirpes de *Pleurotus*. No entanto, o teor de gordura de *P. ostreatus* registado neste estudo foi significativamente mais elevado do que os resultados comunicados pelos autores acima mencionados. Ahmed et al. (2013) obtiveram 3,5 - 4,7% de gordura, enquanto Sharma et al. (2013); Sharma & Arora, 2013 e Bonatti et al. (2004) registaram um teor de gordura entre 1,09

- 1,5%. O teor de hidratos de carbono registado foi semelhante aos resultados obtidos por

Ahmed et al. (2013), Sharma & Arora (2013) e Nuhu et al. (2008). A fibra bruta variou de

13,32 a 15,26% e foi ligeiramente inferior aos dados obtidos por Nuhu et al. (2008) e superior

aos resultados de Sales-Campos e Andrade (2011). Estas diferenças observadas podem ser

devidas ao substrato, ao estádio de desenvolvimento e às condições de pré e pós-colheita. A

variabilidade intra-genética de diferentes amostras pode influenciar a composição química e,

consequentemente, o valor nutricional dos cogumelos cultivados (Manzi et al., 2001; Manzi et

al., 1999). As cinzas totais (9,30-10,54) % registadas neste estudo concordam com os

resultados de Ahmed et al. (2013) para diferentes estirpes de espécies de *Pleurotus*.

4.7 Análise bioquímica de substratos de palha crua e mistura Engelberg

Resultados recentes publicados por Wiafe-Kwagyan et al. (2016) sobre a composição química

do substrato de palha de arroz indicaram que, em geral, houve um ligeiro aumento na proteína

bruta e uma diminuição na celulose, hemicelulose, lignina, sílica e humidade bruta, enquanto o

peso seco fino permaneceu quase constante. A literatura pertinente mostrou que a casca de

arroz é como muitas fibras orgânicas comuns, pois contém entre 40-50% de celulose, 25-30%

de lignina, 25-30% de cinzas e 8-15% de humidade (Hwang & Chandra, 1997). Os dados

registados neste estudo estão dentro da gama referida noutros estudos. A casca e o farelo de

arroz (mistura de Engelberg) continham 32,76 - 39,11% de celulose, 11,60 - 14,32% de

hemicelulose, 15,89 - 17,93% de lignina e 17,9 -19,85% 4,29 - 5,06% de proteína bruta e sílica.

Frimpong-Manso et al. (2011) obtiveram 7,6 - 9,2% de teor de cinzas, 19,2 - 20,0% de proteína

bruta com 86,6 - 90,9% de matéria seca. Embora a proteína bruta registada tenha sido inferior à relatada por Frimpong-Manso et al. (2011), os restantes componentes bioquímicos estavam dentro da gama registada na literatura pertinente.

4.8 Conteúdo mineral

Os minerais são muito importantes para a manutenção de todos os processos fisiológicos no homem e são constituintes dos dentes, ossos, tecidos, sangue, músculos e células nervosas. Desempenham papéis vitais nos processos metabólicos, tais como os que transformam os alimentos que ingerimos em energia. Por conseguinte, os minerais são necessários para o bom funcionamento do organismo, para o crescimento e o desenvolvimento e, em geral, para a manutenção de uma saúde normal (Kalac & Svoboda, 2000; Mattila et al. 2001; Mattila et al., 2002; Soetan, Olaiya & Oyewole, 2010). Actuando como catalisadores de muitas reacções biológicas no corpo humano, são necessárias para a transmissão de mensagens através do sistema nervoso, a digestão e o metabolismo ou utilização de todos os nutrientes dos alimentos (Kalac & Svoboda, 2000; Mattila et al. 2001; Soetan, Olaiya & Oyewole, 2010). Além disso, as vitaminas não podem ser devidamente assimiladas sem o equilíbrio correto dos minerais. Por exemplo, o cálcio é necessário para a utilização da vitamina C, o zinco para a vitamina A, o magnésio para as vitaminas do complexo B, o selénio para a absorção da vitamina E, etc. (Heleno et al., 2010; Mattila et al., 2001; 2002; Reis et al., 2012;). Os minerais são também muito importantes para evitar que o sangue e os fluidos dos tecidos se tornem demasiado ácidos ou demasiado alcalinos e permitem que outros nutrientes passem para a corrente sanguínea e ajudam no transporte de nutrientes para as células (Kalac & Svoboda, 2000; Mattila et al. 2001; Soetan, Olaiya & Oyewole, 2010). Os minerais também ajudam o movimento de substâncias químicas para dentro e para fora das células. Uma ligeira alteração na concentração sanguínea de minerais importantes pode rapidamente pôr em perigo a vida.

As concentrações minerais de *P. ostreatus* nas diferentes formulações de lignocelulose de arroz e suas combinações diferiram, embora nem todas fossem estatisticamente significativas ($p \geq 0,05$). Isto era esperado porque, de acordo com algumas descobertas, (Bonatti et al., 2004; Justo et al. 1999; Mahbu et al., 2010; Patrabansh e Madan, 1997; Sturion e Oetterer, 1995) diferentes substratos de cultivo e suplementação utilizados para o cultivo de cogumelos afectam o valor nutricional. A concentração mineral de *P. ostreatus* registada nos diferentes substratos formulados pode ser categorizada em três: os detectados em níveis mais elevados (K > P > Na), mais baixos (Mg >Ca> Zn) e concentrações muito baixas (Fe > Pb> Mn > Cu). A alta prevalência de potássio (K) (14,90 - 17,0mg/kg) no carpóforo está de acordo com estudos relatados por Ahmed et al. (2013); Alam et al. (2007); Chan, (1981); Khanna e Garcha, (1982); Patil et al. (2010); Yildiz et al. (1998). A concentração de fósforo (P) variou entre 5,22 e 14,25mg/kg, enquanto o nível de sódio (Na) detectado variou entre 7,0 e 8,0mg/kg. De acordo com a OMS, a ingestão diária recomendada (RDI) destes minerais é de 300mg; 0,7g e 1500-2300mg para K, P e Na, respetivamente (OMS, 2013). Por conseguinte, este facto torna a *P. ostreatus* uma fonte útil de minerais para uma boa nutrição humana. A preponderância do teor de K sobre o de Na no *P. ostreatus* torna-o um alimento ideal para pacientes que sofrem de hipertensão e doenças cardíacas, bem como para pessoas com excesso de peso, uma vez que tais cogumelos, como o *P. ostreatus*, são pobres em amido e têm menos calorias do que outros hidratos de carbono (Chang e Mshigeni, 2001; Chan, 1981; Patil et al., 2010). A concentração de cálcio variou entre 0,415 e 1,076mg/kg, a de Mg (1,15 - 1,491mg/kg) e a de Zn variou entre 0,15 - 0,250mg/kg. Os dados obtidos para *P. ostreatus* nos quatro substratos de lignocelulose de arroz formulados concordam com as concentrações de Ca, Zn e Mg registadas por (Ahmed et al. 2013; Nuhu et al. 2010). O cálcio é o mineral mais abundante no corpo e encontra-se nos ossos e no sangue. Juntamente com os minerais fósforo e magnésio, o cálcio confere força e densidade aos nossos ossos. O cálcio também constrói e mantém dentes fortes e saudáveis (Jones et al., 2011; NIH, 1994; Ross et al., 2011). O cálcio é necessário para a contração vascular e a vasodilatação, a função muscular, a transmissão nervosa, a sinalização intracelular e a secreção hormonal. A deficiência de cálcio devido a uma má nutrição ou doença pode levar à osteoporose; uma condição em que os ossos se tornam frágeis e menos densos, aumentando o risco de fracturas (NIH, 2000). O potássio é importante para manter os músculos e o sistema nervoso a funcionar normalmente. Ajuda a manter o equilíbrio correto da água nas células dos nossos nervos e músculos. O zinco é também um mineral essencial, importante para manter o nosso sistema imunitário forte e ajuda o nosso corpo a combater infecções, a curar feridas e a reparar células (Brown, Peerson & Allen, 1998; Chang e Buswell, 1996; FAO, 2001; NIH, 1994 & 2000).

Silvestre et al. (2000) afirmam que os "metais pesados", como o ferro, o cobalto, o cobre, o manganês, o molibdénio e o zinco, são necessários para os seres humanos, mas níveis excessivos podem ter efeitos nocivos. Outros metais pesados, como o mercúrio, o plutónio e o chumbo, são metais tóxicos e a sua acumulação ao longo do tempo no corpo dos animais pode causar doenças graves (Silvestre et al., 2000). O cobre (Cu) é um metal essencial, que serve como constituinte de algumas metaloenzimas, e é necessário na síntese de hemoglobina e na catálise do crescimento metabólico (Silvestre et al., 2000). Os níveis de cobre nos cogumelos na literatura pertinente foram relatados por alguns trabalhadores (Obodai et al. 2014a; Wiafe-

Kwagyan et al. 2016) como 4,71-51,0 mg/kg, 13,4-50,6 mg/kg e 12-181 mg/kg, respetivamente. Pelo contrário, a concentração de Fe nos cogumelos relatada na literatura por alguns autores variou entre 180-407mg/kg (Obodai et al. (2014a); 146-835 mg/kg (Tuzen, 2003); 31,3-1190 mg/kg (Sesli e Tuzen, 1999), respetivamente. O manganês (Mn) é um metal essencial necessário para os sistemas biológicos, como as metaloproteínas (Unak, Lambrecht, Biber e Darcan, 2007). Os níveis de manganês (0,018 - 0,624mg/kg) registados no nosso estudo foram muito inferiores às concentrações de Mn registadas para outros cogumelos na literatura, que variaram entre 14,5-63,6 mg/kg (Isiloglu, Qinar & Bas, 2013; Isiloglu, Yilmaz & Merdivan, 2001); 12,9-93,3 mg/kg (Tuzen, 2003); 14,2-69,7mg/kg (Soylak et al. 2005). Obodai et al. (2014b) registaram as concentrações mais elevadas (63,23±7,58mg/kg) e mais baixas de Mn (45,68±2,33mg/kg) em cogumelos cultivados em mandioca compostada e mandioca não compostada, respetivamente.

Outros metais pesados como o mercúrio, o plutónio, o cádmio, o alumínio e o chumbo são metais tóxicos e a sua acumulação ao longo do tempo no corpo dos animais pode causar doenças graves. Embora tenha sido detectado Pb no carpóforo de *P. ostreatus*, a concentração foi muito mínima (0,141 - 0,165mg/kg) em comparação com o conteúdo de Pb relatado por (Obodai et al., 2014b) com os valores máximo e mínimo sendo 8,34±2,17 e 3,75±0,24 mg/kg em cascas de mandioca compostadas e não compostadas, respetivamente. Obodai et al. (2014c) registaram um nível máximo de Pb no seu estudo de cogumelos selvagens de 0,60 ± 0,00mg/kg, que estava muito abaixo do limite de 10,0 mg/kg estabelecido pela OMS. Os níveis de chumbo registados na literatura são 0,75-7,77 mg/kg (Tuzen, Ozdemir e Demirbas, 1998);

1,43-4,17 mg/kg (Tuzen, 2003), e 0,40-2,80 mg/kg (Svoboda e Kalac, 2003). O cobre (Cu), o manganês (Mn), o ferro (Fe) e o chumbo (Pb) detectados nos corpos de frutificação de *P. ostreatus* eram muito baixos em comparação com os limites de segurança recomendados pela OMS (1982) para estes minerais Cu (40mg/kg), Mn (400-1000mg/kg), Fe (15mg/kg) e Pb (10mg/kg). Os níveis de metais pesados no presente estudo foram muito inferiores às concentrações registadas por (Alam et al., 2007; Obodai et al., 2014a,b&c). Curiosamente, não foi detectado Cu nos corpos de frutificação de *P. ostreatus* cultivados em palha de arroz suplementada com farelo de arroz adicional e mistura de palha e casca de arroz suplementada com substratos adicionais de farelo de arroz. Os glóbulos vermelhos (eritrócitos) transportam oxigénio para cada uma das nossas infinitas células, onde é utilizado para gerar energia (Heaney et al. 1989; NIH, 1994; Ross et al., 2011). Os glóbulos vermelhos contêm um hemo ou componente de ferro que se liga ao oxigénio para que este possa ser transportado; sem as moléculas de ferro, o oxigénio não pode ser ligado às células sanguíneas e o corpo não seria capaz de produzir a energia necessária à vida. O ferro é um mineral essencial, e a sua insuficiência na dieta do homem pode levar a uma condição chamada anemia, que causa fraqueza e fadiga (Heaney et al. 1989; NIH, 1994; Ross et al., 2011).

A utilização de cogumelos como agentes de decomposição da matéria orgânica desempenha um papel importante na biodegradação ecológica natural e nas alterações de reciclagem. Os cogumelos têm um mecanismo muito eficaz para a bioacumulação de metais pesados do ambiente (Isiloglu et al., 2013). Estudos recentes mostram que os cogumelos de crescimento selvagem podem acumular níveis elevados de elementos metálicos tóxicos como o mercúrio, o cádmio e o chumbo (Isildak et al., 2004; Petkovsek e Pokorny, 2013; Semreen e Aboul-Enein, 2011; Sesli et al., 2008; Yamag et al., 2007). Chen et al. (2009) investigaram a presença de metais pesados em cogumelos silvestres comestíveis provenientes de três sítios florestais nas zonas do sul da China. Chang, Lau & Cho (1981) mostraram que o nível de acumulação de Pb era de 2,1mg/kg em *Russula* sp. De acordo com Dobaradaren et al. (2010), o Pb é tóxico mesmo em níveis vestigiais e as deficiências relacionadas com a toxicidade do Pb nos seres humanos incluem o tamanho anormal e o teor de hemoglobina dos eritrócitos, a hiperestimulação da eritropoiese e a inibição da síntese de hemoglobina. Os resultados actuais indicam que a acumulação de metais pesados e as concentrações nos carpóforos dos cogumelos dependem de vários factores, incluindo o tipo de espécie, a área de recolha das amostras de cogumelos, o substrato, as condições atmosféricas, a idade e a parte da frutificação utilizada para a análise. A presença de alguns destes metais pesados nos corpos de frutificação de *P. ostreatus* confirma a sua capacidade de acumular minerais do solo ou de qualquer substrato, embora em baixa concentração.

5.0 CONCLUSÃO, RESUMO, RECOMENDAÇÕES E PERSPECTIVAS FUTURAS

5.1 CONCLUSÃO

O cultivo de cogumelos é uma das formas mais eficientes de reciclagem de resíduos vegetais. No nosso trabalho, foi demonstrado o uso de resíduos agro-industriais de arroz para o cultivo de *P. ostreatus*. Observou-se que houve uma relação positiva entre a lignocelulose de arroz crua e suas emendas no período de desenvolvimento da semente, formação de corpos primordiais e de frutificação, composição proximal e mineral de *P. ostreatus*. O período de desenvolvimento da semente variou entre 35 e 63 dias, enquanto o período inicial primordial até ao primeiro fluxo demorou 2-5 dias, dependendo do tratamento do substrato. Embora, em média, tenha sido necessário um período mais longo para os cogumelos cultivados em substratos de arroz não suplementados, com farelo de arroz adicional para obter um crescimento completo dos micélios, foi necessário um período mais curto de 3-4 dias para a formação de cabeças de alfinete para atingir a maturidade. Os rendimentos máximo e mínimo foram registados como 183,5 g e 84,4 g em 12 dias de mistura de palha e casca de arroz compostada suplementada com 5% de farelo de arroz adicional (D_5) e palha de arroz não fermentada (0 dia) suplementada com 10% de farelo de arroz adicional (Aio) com valores correspondentes de BE de 63,3 e 29,1%, respetivamente. As composições proximais e minerais de *P. ostreatus* estavam de acordo com os dados publicados por outros autores na literatura pertinente. O mineral mais abundante registado foi o potássio (K) 17,0 mg/kg, por ordem decrescente K > P > Na > Mg > Ca, enquanto os metais pesados também foram detectados por ordem decrescente Fe > Zn > Mn > Pb > Cu. Os minerais pesados detectados no esporocarpo de *P. ostreatus* estavam todos muito abaixo do limite de segurança especificado pela OMS (1982) para consumo humano. Para além disso, o elevado rácio de prevalência de potássio (K) em relação ao sódio (Na) faz do *P. ostreatus* um alimento desejável e de valor essencial para os pacientes hipertensos. Os dados deste estudo servem, portanto, de trampolim para a utilização de resíduos de arroz na indústria de cogumelos no Gana, uma vez que o arroz é cultivado em quase todas as dez regiões do Gana e a lignocelulose de arroz estará disponível durante todo o ano. O período de fermentação da lignocelulose de arroz e das suas emendas é mais curto (0 - 12 dias) em comparação com 28 dias da serradura de 'wawa' *(Triplochiton scleroxylon)*. Este facto encurta o período de compostagem em mais de 2 semanas (16 dias), acelerando assim o período de produção. A utilização da palha de arroz e dos seus aditivos como substratos para a produção de *P. ostreatus* e *P. eous* poderia ser um empreendimento economicamente viável e de baixo custo para os agricultores, de modo a aumentar os benefícios financeiros e a reduzir a pobreza. A possível utilização de resíduos agrícolas para bioconversão em alimentos nutritivos e benéficos para a saúde, através do cogumelo ostra, para a população crescente nas zonas rurais e urbanas do Gana, é uma estratégia bem-vinda de alívio da pobreza. Além disso, este processo de bioconversão de resíduos ajudará a limpar o ambiente da poluição causada pelos resíduos de lignocelulose. Também já demonstrámos que o composto de palha de arroz resultante da bioconversão de resíduos de arroz por espécies de *Pleurotus* pode servir como biofertilizante para o cultivo de pimenta, tomate e feijão-frade (Wiafe-Kwagyan, 2014; Wiafe-Kwagyan et al., 2017).

Criam-se condições fortuitas em que a lignocelulose da palha de arroz pode servir de substrato para a produção de cogumelos, proporciona benefícios nutritivos e para a saúde do homem e o composto usado pode também ser utilizado como biofertilizante para o cultivo de legumes e leguminosas. As Tabelas 15 e 16 mostram uma comparação de nutrientes e composição química de cogumelos silvestres e cultivados habitualmente usados na nossa dieta no Gana (Obodai et al., 2014c).

As tabelas apresentam os valores nutricionais, a composição em moléculas lipolíticas e hidrofílicas, os minerais e as propriedades antioxidantes dos cogumelos selvagens e cultivados no Gana. Verificou-se que as amostras, incluindo *Pleurotus*, eram nutricionalmente ricas em hidratos de carbono, variando entre 64,14±0,093g na estirpe EM-1 de *P. ostreatus* e 80,17±0,34g na estirpe LSF de *Lentinula squarrosulus*. O nível mais elevado de proteínas (28,40±0,86 g) foi registado na estirpe EM-1 de *P. ostreatus*. Foram registados baixos teores de gordura nas amostras, com *Auricularia auricula* (cogumelo orelha de judeu) a registar o valor mais baixo (0,82 ± 0,03 g). Foram observados níveis elevados de potássio com a seguinte ordem decrescente de elementos K>P>Na>Mg>Ca. Também foram observados níveis elevados de antioxidantes, o que torna os nossos cogumelos locais, incluindo o *P. ostreatus*, adequados para serem utilizados como alimentos funcionais ou fontes nutracêuticas (Obodai et al., 2014c). Além disso, o estudo forneceu novas informações sobre as propriedades químicas dos cogumelos do Gana, o que é muito importante para a caraterização da biodiversidade dos cogumelos indígenas do Gana. A nova informação sobre a capacidade da estirpe EM-1 de *P. ostreatus* de crescer razoavelmente bem, com uma eficiência biológica elevada e um período de compostagem curto de 12 dias, é uma vantagem adicional para a sua produção rápida, a fim de melhorar o estado de saúde da população do Gana. Cogumelos como *P. ostreatus* e os selvagens cultivados são relatados como alimentos terapêuticos úteis na prevenção de doenças e exibem propriedades biológicas variadas, tais como actividades anti-bacterianas, anti-mutagénicas, anti-tumorais e anti-virais (Garcia-Lafuente et. al., 2011; Schillali et al., 2013). As características funcionais listadas são muitas devido à sua composição química (Manzi et al., 1999; 2001) e presumivelmente informa o consumo de cogumelos no Gana por razões medicinais, como a redução da obesidade e a diminuição dos níveis de colesterol e da pressão arterial em pacientes, etc. Estes factos sublinham o valor dos presentes resultados para o país.

5.2 RESUMO

Os nossos resultados demonstraram que a palha, a casca e o farelo de arroz têm potencial como substratos adequados para o cultivo de espécies de *Pleurotus* e outros cogumelos comestíveis, como *Volvariella volvacea*. Contudo, a formulação do substrato pode ter uma influência no rendimento e na composição nutricional do cogumelo (Bonatti et al., 2004; Justo et al. 1999; Mahbu et al., 2010; Manzi et al., 1999; Patrabansh e Madan, 1997; Visscher, 1989; Sturion e Oetterer, 1995). O composto de crescimento também pode influenciar o valor químico e nutricional dos cogumelos cultivados. Não obstante, o número de estudos realizados sobre cogumelos até agora no Gana mostra que o futuro dos cogumelos no Gana é muito prometedor, mas ainda se encontra numa fase de desenvolvimento. Por conseguinte, temos de continuar a educar a sociedade e os consumidores sobre os benefícios nutricionais e medicinais do consumo de cogumelos e estimular o seu interesse, demonstrando a viabilidade comercial a curto prazo.

Os resíduos de arroz são constituídos por componentes como a celulose, a hemicelulose e a lenhina, coletivamente designados por lignocelulose. São exemplos de biomassa vegetal gerada anualmente através do cultivo e processamento de grãos de arroz. Estes resíduos lenhinocelulósicos têm um valor comercial insignificante, ou seja, menos valor como alimento para animais ou para seres humanos. A eliminação indiscriminada destes resíduos no ambiente através de descargas e queimas conduz à poluição ambiental com possíveis implicações para a saúde. No entanto, os cogumelos têm o potencial de bioconverter estes resíduos em produtos valiosos, como alimentos para consumo humano e animal, melhorando a digestibilidade destes resíduos através da atividade enzimática. Existem outras aplicações úteis destes resíduos, como o cultivo de cogumelos fúngicos comestíveis, que é o empreendimento mais ecológico e economicamente viável que pode ser aplicado tanto por países em desenvolvimento como por países de rendimento médio, como o Gana, o Sri Lanka, a Tailândia, a Índia, a Indonésia, o Bangladesh, o Paquistão, o Vietname, o Egipto, etc. Nigéria, etc. A produção comercial de cogumelos pode ser uma empresa eficaz e produtiva devido às numerosas vantagens acima enumeradas, sem contar com o seu curto ciclo de cultivo, o baixo custo de produção, os benefícios medicinais e nutricionais, o elevado lucro e a acumulação imediata de benefícios financeiros.

5.3 RECOMENDAÇÕES E PERSPECTIVAS FUTURAS

As nossas recomendações são as seguintes:

*   Recomenda-se a utilização da lignocelulose de arroz para a produção comercial de espécies de *Pleurotus* e outros cogumelos comestíveis, uma vez que tem um impacto ambiental ao reduzir a eliminação indiscriminada destes resíduos.

*   O cultivo de cogumelos pode ser um negócio de mão de obra intensiva e agroindustrial. Por conseguinte, o cultivo de cogumelos pode gerar rendimentos e emprego para as mulheres e os jovens nas comunidades rurais, especialmente nos países em desenvolvimento, aliviando assim a pobreza.

*   A transferência de tecnologia de cultivo de pleurotos para os produtores de arroz nas zonas de cultivo de arroz deve ser incentivada e implementada. Os produtores de cogumelos e outras partes interessadas podem retirar o máximo de benefícios dos resíduos de arroz gerados pelas suas próprias actividades de colheita e transformação de grãos de arroz nas explorações agrícolas.

*   Devem ser realizadas consultas às partes interessadas com os agricultores, agências governamentais como o Ministério da Alimentação e da Agricultura (MFA), o Ministério do Género, da Criança e da Proteção Social, a Agência Nacional para a Juventude e o Emprego (NYES) e outras agências não governamentais, por exemplo, a Associação de Produtores de Cogumelos do Gana, para explicar os métodos de cultivo de ponta e a produção de semente, os benefícios e as qualidades do cultivo de

cogumelos, a fim de aproveitar a técnica de bioconversão de resíduos em alimentos para a redução da pobreza.

- Existe uma grande lacuna de informação entre os cientistas de cogumelos (biotecnólogos de cogumelos) e os produtores de cogumelos (agricultores). Por conseguinte, os cientistas de cogumelos devem fazer esforços concertados para colmatar esta lacuna, organizando seminários, conferências e workshops sobre o cultivo de cogumelos para manter o interesse e melhorar a técnica de cultivo.

- Efetuar uma análise custo-benefício de todo o processo de produção e da procura do produto por parte dos consumidores a nível local e transfronteiriço na África Ocidental.

- Realizar estudos sobre métodos de conservação e armazenamento (embalagem, etc.) para prolongar a vida útil dos cogumelos. A fim de ajudar a prolongar a vida útil dos cogumelos (frescos ou desidratados), devem ser intensificados os esforços de investigação sobre a embalagem para preservar o produto como uma fonte viável de segurança alimentar. A Associação Nacional de Embalagens deve ser envolvida neste exercício.

- Os bancos comerciais e outros financiadores devem ser encorajados a interessar-se em apoiar cientistas e produtores de cogumelos com empréstimos e subsídios para estabelecer explorações à escala semi-comercial com instalações tecnológicas de ponta e laboratórios de avaliação da qualidade.

- Devem ser feitos esforços concertados para formar e encorajar os agricultores a usar o composto de cogumelos usado, depois da colheita dos corpos de frutificação, como biofertilizante na emenda do solo, para melhorar o rendimento das culturas, como demonstrámos em algumas experiências de estufa.

- Atualmente, os pleurotos são vendidos em lojas e mercados por peso (embora não se possa ter a certeza da exatidão da medição). Seria interessante utilizar outros critérios, como sejam o tamanho da fronde do corpo de frutificação, o comprimento do estipe, etc., para categorizar os cogumelos colhidos em categorias, de acordo com o preço. A classificação dos cogumelos estimularia automaticamente os agricultores a produzirem cogumelos de qualidade.

- Como parte dos esforços para incentivar o cultivo de pleurotos e de palmeiras no Gana, valeria a pena procurar melhorar o rendimento e a qualidade dos nutrientes através da investigação molecular e biotecnológica na criação de cogumelos maiores, melhores e mais saborosos para o consumidor.

Referências

Adam J (2013). Alternativas à queima em campo aberto nas explorações de arroz. Opções Vol. 18 Instituto de Estudos de Política Agrícola e Alimentar, Malásia

Ahmed M, Abdullah N, Uddin KA e Borhannuddin BMHM. (2013). Rendimento e composição nutricional de cepas de cogumelo ostra recém-introduzidas em Bangladesh. *Pesq. agropec. bras.*, Brasília 48(2):197-202 fev.doi:10.1590/S0100-204X2013000200010

Ajonina A.S e Tatah L.E (2012). Desempenho do crescimento e rendimento do cogumelo ostra *(Pleurotus ostreatus)* em diferentes composições de substratos em Buea, Sudoeste dos Camarões. Sci J of Biochem 10:1- 6, doi: 10.7237/sjbch/139

Aksu S, Isik S.E e Erkal S (1996). Desenvolvimento da produção de cogumelos cultivados na Turquia e características gerais do estabelecimento de cogumelos. Quinto Congresso Nacional de Cogumelos Comestíveis (pp.1-13). Turquia

Alam N, Lee J e Lee T (2010). Condições de crescimento micelial e relações filogenéticas de *Pleurotus ostreatus.* World Appl. Sci. J. 9(8):928-37

Alam N, Asaduzzaman K, Md. Shahdat HSM, Ruhul A e Liakot AK (2007). Análise nutricional dos cogumelos da dieta - *Pleurotus florida* Eger e *Pleurotus sajor-caju* (Fr.) Singer. Bangladesh. Mush. 1(2):1-7

Ana-Villares e José-Alfredo M (2010). Cogumelos comestíveis: Papel na prevenção de doenças cardiovasculares. Fitoterapia, 81: 715-723 página inicial da revista: www.elsevier.com /locate/fitote

AOAC (2005). Official methods of analysis (18th ed.). Arlington: Association of official analytical chemists pp. 23

Arbaayah HH e Umi KY (2013). Propriedades antioxidantes nos extractos etanólicos de cogumelos ostra *(Pleurotus* spp.) e cogumelo de guelra dividida *(Schizophyllum commune).* Mycosphere 4(4):661-673. doi 10.5943/mycosphere/4/4/2. ISSN 2077 7019 www.mycosphere.org

Bonatti M, Kamopp P, Soares HM e, Furlan SA (2004). Avaliação das características nutricionais de *Pleurotus ostreatus* e *Pleurotus sajor-caju* quando cultivados em diferentes resíduos lignocelulósicos. Food Chem 88: 425 - 428 disponível online www.elsevier.com/locate/foodchem

Breene WM (1990). Valor nutricional e medicinal de cogumelos especiais. J of Food Protect

53(10):883-894

Caglanrmak N (2007). Os nutrientes dos cogumelos exóticos (espécies *Lentinula* edodes e *Pleurotus*) e uma abordagem estimada do composto volátil. Food Chem 105:1188-1194.

Chang ST, Lau OW e Cho KY (1981). O cultivo e o valor nutricional de *Pleurotus sajor-caju*. Eur J Appl Microbiol. Biotechnol 12 (l):58-62

Chan HKM (1981). Consumo de cogumelos comestíveis em Hong Kong. Boletim Informativo de Cogumelos para os Trópicos, l(4):5-10

Chang ST (2001). Mushrooms and mushroom cultivation (Cogumelos e cultivo de cogumelos). Chichester: John Wiley & Sons Ltd

Chang ST, Lau OW, e Cho KY (1981). Cultivo e valor nutricional de *Pleurotus sajor- caju*. Europ J Appl Microbiol 12:58-62

Chang ST e Mshigeni KE (2001). Mushroom and their human health: their growing significance as potent dietary supplements. Universidade da Namíbia, Windhoek, pp. 1-79.

Chang ST e Buswell JA (1996). Mushroom nutraceuticals. World J Microbiol Biotechnol 12: 473-476

Chang ST (2006). A indústria mundial de cogumelos: Tendências e desenvolvimento tecnológico. Int J Med Mush 8:297-314

Chang ST (2007). Produtos de Cogumelos Medicinais como uma boa fonte de suplementos dietéticos para pacientes com HIV/SIDA. Int J Med Mush 9(3-4):189-190

Chang, S.T. & Quimio, T. (1982). (Eds.) *Tropical mushrooms, biological nature and cultivation methods,* The Chinese University of Hong Kong, Hong Kong.

Cheewaphongphan P, Garivait S e Pongpullponsak A (2011a). Inventory of pollutions from rice field residue open burning based on field survey, 2nd International Conference on Environmental Science and Technology IPCBEE, IACSIT Press, Singapore, 6:93-97.

Cheewaphongphan P, Garivait S, Pongpullponsak A e Patumsawad S (2011b). Influência do método de gestão dos resíduos de arroz nas emissões de GEE provenientes da cultura do arroz. World Aca of Sci, Eng and Technol 58:58

Chen XH, Zhou HB e Qiu GZ (2009). Análise de vários metais pesados em cogumelos comestíveis selvagens de regiões da China, Bull Environ Contam Toxicol 83:280-285.

Cheung PCK (2010). Os benefícios nutricionais e para a saúde dos cogumelos. Boletim
Nutricional 35:292-299

Chukwurah, N. F., Eze, S. C., Chiejina, N. V., Onyeonagu, C. C., Ugwuoke, K. I., Ugwu, F. S.
O., Nkwonta, C. G, Akobueze, E. U., Aruah, C. B. e Onwuelughasi, C. U. (2012). Desempenho
do cogumelo-ostra *(Pleurotus ostreatus)* em diferentes materiais de resíduos agrícolas locais.
African   J.   of   Biotechnol,   11(37),   pp.   89798985,
http://www.academicjoumals.Org/AJBDOI:10.5897/AJBll .2525 ISSN 1684-5315

Datta S e Chakravarty DK (2001). Utilização comparativa dos componentes lignocelulósicos
da palha de arroz por *Tricholoma lobayense* e *Volvariella volvacea*. Indian J. Agr. Sci.
71(4):258-260.

Debu KB, Ratan KP, Md. Nuruddin M e Kamal UA (2014). Efeito de diferentes substratos de
serragem no crescimento e rendimento do cogumelo ostra *(Pleurotus ostreatus)*. J. de
Agr. e Vet. Sci. 7(2):38-46 e-ISSN: 2319-2380, p-ISSN: 2319-2372
www.iosrjoumals.org

Dobaradaren S, Kaddafi K, Nazmara S e Ghaedi H (2010). Teor de metais pesados (Cd, Cu, Ni
e Pb) em espécies de peixes do Golfo Pérsico no Porto de Bushehr, Irão A. J. Biotech,
32:6191-6193

Duan F, Liu X, Yu T e Cachier H (2004). Identificação e estimativa da contribuição da queima
de biomassa para as concentrações de carbono orgânico de aerossóis urbanos em
Pequim, Atmos. Environ. 38:1275-1282

Dundar A, Acay H e Yildiz A (2009). Efeito da utilização de diferentes resíduos
lignocelulósicos para o cultivo *de Pleurotus ostreatus* (Jacq.) P. Kumm, na produção de
cogumelos, composição química e valor nutricional. African J. Biotechnol. 8:662.

FAO (2016). Monitor do Mercado do Arroz, www.fao.org. dezembro 2016 Vo. XIX Edição
No. 4. Acessado em 29 de março de 2017 Acessado em 29 de março de 2017. (Hora recuperada
às 14:46) www.fao.org.publications

FAO (2015). Statistical Pocketbook. Alimentação e agricultura mundiais. FAO das Nações
Unidas, Roma. ISBN 978-92-5-108802-9 Acedido em 12 de abril de 2017. (Hora
recuperada 16:43) www.fao.org.publications

FAOSTAT (2012). Base de dados estatísticos da FAO (disponível em www.fao.org/faostat/).
Acedido em 21 de março[st] 2013 (Hora 13:15)

FAOSTAT (2006). Base de dados estatísticos da FAO (disponível em www.fao.org/faostat/) Acedido em 23 de março[rd] 2013 (Hora recuperada 10.00am)

Frimpong-Manso, J., lObodai, M., IDzomeku, M. e Apertorgbor, M. M. (2011). Influência da casca de arroz na eficiência biológica e no teor de nutrientes de *Pleurotus ostreatus* (Jacq. ex. Fr.) Kummer. Jornal Internacional de Investigação Alimentar 18: 249-254

Gadde, B., Bonnet, S., Menke, C. e Garivait, S. (2009). Air Pollutant Emissions from Rice Straw Open Field Burning In India, Thailand and the Philippines [Emissões de poluentes atmosféricos provenientes da queima de palha de arroz em campo aberto na Índia, Tailândia e Filipinas]. Environ. Pollut. 157: 1554-1558

Gráfico online. (2015). 'Gana vai aumentar a produção de arroz'. www.graphic.com.gh/news/general-news/Ghana-to-step-up-rice-production.html. Acedido em novembro de 2015, 13:45h

Gregori A, Svagelj M e Pohleven J (2007). Técnicas de cultivo e propriedades medicinais de *Pleurotus* spp. Food Technol Biotech 45:238-249

Garcia-Lafuente, A.; Moro, C.; Villares, A.; Guillamon, E.; Rostagno, M.A.; D'Arrigo, M.; Martinez, J.A. (2011). Cogumelos como fonte de anti-inflamatórios agentes. Am. J. Comm. Psychol., 48, 125-141

Guo C, Liang Z, XiaoY, W. Ya Qiang, e Z. Fang Cheng (2008). "Estimativa das emissões provenientes da queima de palha de culturas na China", Chinese Sci. Bull. 53(5):784-790

Heaney RP, Recker RR, Stegman MR, Moy AJ. (1989). Calcium absorption in women: Relationships to calcium intake, estrogen status, and age. J Bone Miner Res. 4:469-475.

Heleno, S.A., Barros, L., Sousa, M.J., Martins, A., Ferreira, I.C.F.R. (2010). Composição de tocoferóis de cogumelos silvestres portugueses com capacidade antioxidante. FoodChem. 119, 1443-1450.

Howard, R. L., Abotsi, E., Jensen van Renberg, E. L. e Howard, S. (2003). Biotecnologia da lignocelulose: questões de bioconversão e produção de enzimas. Revista Africana de Biotecnologia. Vol 2(12): 602-619. ISBN 1684-5315. Revistas académicas. http:www.academicjoumals.org/AJB

Hwang, C.L. e Chandra, S. (1997). The use of rice husk ash in concrete. Waste Materials Used in Concrete Manufacturing. Editado: Chandra, S., Noyes Publications, EUA, p. 198

Isiloglu M, Qinar H. e Ba§ HS (2013). Uma revisão da acumulação de chumbo na *Lepista nuda e Russula cyanoxantha.* ICOEST Cappadopcia, pp. 390-396

Isiloglu M, Yilmaz F e Merdivan M (2001). Concentrações de oligoelementos em cogumelos silvestres comestíveis. Food Chem 73:169-175

Isildak O, Turkekul I, Elmastas M e Tuzen M (2004). Análise de metais pesados em alguns cogumelos comestíveis cultivados em estado selvagem da região do Médio Mar Negro, Turquia. Food. Chem. 86:547-552

Iqbal SM, Rauf CA e Sheik MI (2005). Desempenho da produção de pleurotos em diferentes substratos. Int. J. Agr. Biol. 7:900-903

Jones G, Kovacs CS, Mayne ST, Rosen CJ e Shapses SA (2011). Clarificação de

DRIs para cálcio e vitamina D em todos os grupos etários. J. Am. Diet. Assoc. lll(10):1467doi: 10.1016/j.jada.2011.08.022.

Justo MB, Guzman GA, Mejia EG e Diaz CLG (1999). Martinez G, Corona EB. Calida proteinica de tres cepas mexicanas de setas *(Pleurotus ostreatus).* Archives Latinoamericanos de Nutricion 49(l):81-85.

Khanna P e Garcha HS (1982) Utilização de palha de arroz para o cultivo de espécies de *Pleurotus.* Mush Newslett. Trop. 2(l):5-9

Koopmans A e Koppejan J (1997). Agricultural and forest residues - Generation, utilization and availability (Resíduos agrícolas e florestais - Produção, utilização e disponibilidade). Regional Consultation on Modem Applications of Biomass Energy, Kuala Lumpur, Malásia

Kortei NK, Odamtten GT, Obodai M, Appiah V, Wiafe-Kwagyan M e Narh-Mensah DL (2015). Efeito comparativo de grãos de sorgo irradiados com raios gama e esterilizados a vapor *(Sorghum bicolor)* para a produção de semente de *Pleurotus ostreatus* (Jacq. Ex. Fr) Kummer. Appl. Sci. Report. 10(l):12-21 doi: 10.15192/PSCP.ASR.2015.10.1.1221

Krishnamoorthy D e Sankaran M. (2014). *Pleurotus ostreatus'.* um cogumelo ostra com propriedades nutricionais e medicinais. J Biochem. Tech., 5(2):718-726 ISSN: 0974-2328

Lal R (2005). World crop residues production and implications of its use as a biofuel. Environ. Int. 31(4):575-584

Lal R (2008). Crop residues as soil amendments and feedstock for bioethanol production. Waste Manag. 28(4): 747-758

Laufenberg G, Kunz B e Nystroem M (2003). Transformação de resíduos vegetais em produtos de valor acrescentado. Bioresource Technol 87:167-198

Lemieux PM, Lutes CC e Santoiann DA (2004). Emissions of organic air toxics from open burning: a comprehensive review, Prog in Energ and Combust Sci. 30:1-32

Lo SC, Ho YS e Buswell JA (2001). Efeito dos monómeros fenólicos na produção de lacases pelo cogumelo comestível *Pleurotus sajor-caju* e caraterização parcial de um componente principal da lacase. Mycologia, 93:413-421

Mahbuba M, Nazim U, Ahmed S, Nasrat JS e Asaduzzaman K (2010). Cultivo de diferentes estirpes do cogumelo-rei Oyster *(Pleurotus eryngii}* em pó de serra e palha de arroz no Bangladesh. Saudi J. of Biol. Sci. 17:341-45 www.ksu.edu.sawww.sciencedirect.com

Mandeel, Q. A., Al-Laith, A. A. e Mohamed, S. A. 2005. Cultivo de cogumelos ostra *(Pleurotus* spp.) em vários resíduos lignocelulósicos. World J of Microbiol, and Biotechnol. 21: 601-607.

Manzi, P., Gambelli, L., Marconi, S., Vivanti, V., e Pizzoferrato, L. (1999). Nutrientes em cogumelos comestíveis: um estudo comparativo inter-espécies. Food Chem, 65(4) 477-482

Manzi P, Aguzzi A e Pizzoferrato L (2001). Valor nutricional dos cogumelos amplamente consumidos em Itália. Food Chem. 73:321-325

Mattila P, Konko K, Eurola M, Pihlava J-M, Astola J, Vahteristo L, Hietaniemi V, Kumpulainen J, Valtonen M e Piironen V (2001). Conteúdo de vitaminas, elementos minerais e alguns compostos fenólicos em cogumelos cultivados. J. Agr. Food Chem. 49:2343-2348

Mattila, P., Salo-Vaananeen, P., Konko, K, Aro, H. e Jalava, T., (2002). Composição básica e conteúdo de aminoácidos de cogumelos cultivados na Finlândia. *Journal of Agricultural and Food Chemistry* 50:6419-6422.

Autoridade de Desenvolvimento do Milénio, MiDA (2012). Oportunidade de investimento no Gana. Millenium Challenge Corporation, Estados Unidos da América. Pp 5-6

Mosier N, Wyman C, Dale B, Elander R, Lee Y.Y., Holtzapple M, Ladisch M.
(2005). Características de tecnologias promissoras para o pré-tratamento de biomassa
lignocelulósica. Bioresource Technol. 96: 673-686

Nallathambi P e Marithumu T (1994). Efeito de vários tratamentos com substratos nas
actividades enzimáticas *de Pleurotus* spp. em correlação com o rendimento. Indian J. of
Mycol. and Plant Pathol. 24 (3):167-171

Narain R, Sahu RK, Kumar S, Garg SK, Singh CS e Kanaujia RS (2008).
Influência de diferentes suplementos ricos em azoto durante o cultivo de *Pleurotus
florida* em substrato de espigas de milho. Ambientalista 29:1-7

Narh DL, Obodai M, Baka D e Dzomeku M (2011). A eficácia dos grãos de sorgo e de milho-
miúdo na produção de semente e na formação de carpóforos de *Pleurotus ostreatus*
(Jacq. Ex. Fr) Kummer. Int. Food Res. J. 18(3):1143-1148

Institutos Nacionais de Saúde. (2000). Osteoporosis prevention, diagnosis, and therapy
(Prevenção, diagnóstico e terapia da osteoporose). NIH Consensus Statement Online:
pp. 1-45

National Institutes of Health (1994). Ingestão óptima de cálcio. Declaração de consenso do
NIH: 12:1-31

Norman, J.C e Otoo, E (2003). Estratégias de desenvolvimento do arroz para a segurança
alimentar em África. *Procedimentos da 20ª Sessão da Comissão Internacional do Arroz.*
Banguecoque, Tailândia. 23-26 de julho de 2002. Parte III-V

Nuhu A, Ruhul A, Abul Khair e Tae S.L. (2010). Influência de diferentes suplementos no
cultivo comercial do cogumelo branco leitoso. Mycobiology 38(3): 184-188
D01:10.4489/MYC0.2010.38.3.184 © The Korean Society of Mycology

Nuhu A, Ruhul A, Asaduzzaman K, Ismot A, Mi Ja S, Min Woong Lee e Tae Soo L (2008).
Análise nutricional de cogumelos cultivados no Bangladesh - *Pleurotus ostreatus, Pleurotus
sajor-caju, Pleurotus florida* e *Calocybe indica.* Mycobiology 36(4):228-232

Nwokoye Al, Kuforiji O e Oni P (2010). Estudos sobre os requisitos de crescimento micelial de
Pleurotus ostreatus (Fr.) Singer. Int. J. of Basic, and Appl. Sci. 10(2):47-53

Obodai M (1992). Estudos comparativos sobre a utilização de resíduos agrícolas por alguns
cogumelos *(espécies Pleurotus e Volvacea).* Tese de Mestrado. Tese de Mestrado,
Departamento de Botânica, Universidade do Gana, Legon pp:64-65

Obodai M, Sawyerr LCB, Johnson P-NT (2000). Rendimento de sete estirpes de pleurotos
(Pleurotus spp.} cultivados em serradura compostada de *Triplochiton scleroxylon.* Trop.

Sci. 40(2):95-99.

Obodai M, Cleland-Okine J, Vowotor KA (2003). Estudo comparativo sobre o crescimento e o rendimento do cogumelo *Pleurotus ostreatus* em diferentes subprodutos lignocelulósicos. J. Ind. Microbiol. Biot. 30(3):146-149

Obodai M, Narh MDL, Baka, D e Dzomeku M (2011). Efeito da formulação de substrato de palha de arroz *(Oryza sativa)* e serradura *(Triplochiton Scleroxylon)* no cultivo de *Pleurotus ostreatus* (Jacq.Ex. Fr.) Kummer. Int. Res. J. of Appl. and Basic. Sci. 2 (10):384-391 Disponível online em http://www.ecisi.com

Obodai M, Ofori H, Dzomeku M, Takli R, Komlega G, Dziedzoave N, Mensah D, Prempeh J e Sonnenberg A (2014a) Metais pesados e composição proximal associados à compostagem de mandioca *(Manihot esculenta)* para o cultivo de cogumelos no Gana. Afri. J. of Biotechnol. 13(22):2208-2214, doi:10.5897/AJB2014.13733

Obodai M, Owusu E, Schiwenger G O, Asante IK e Dzomeku M (2014b). Análise fitoquímica e mineral de 12 cogumelos ostra cultivados *(espécies Pleurotus)*. Adv. in Life Sci. and Technol. 26: www.iiste.org

Obodai M, Ferreira ICFR, Angela Fernandes, Barros L, Narh DM, Dzomeku M, Arailde FU, Prempeh J e Takli RK (2014c). Avaliação das propriedades químicas e Antioxidant Properties of Wild and Cultivated Mushrooms of Ghana (Propriedades antioxidantes de cogumelos selvagens e cultivados no Gana). Molecules, 19:19532-19548 doi: 10.3390/molecules191219532 ISSN 14203049

Oei, P. (1991). Alguns aspectos do cultivo de cogumelos em países em vias de desenvolvimento. *In: Mush. Sci.* 13(2)777-780

Oei P (1996). Mushroom cultivation with special emphasis on appropriate techniques for developing countries. ISBN: 9070857367, Tool Publications, Amesterdão, Países Baixos.

Oei P., van Nieuwenhuijzen B; de Feijter J., Oranje B., Mamadi B.J. e Kok E. (2005). *Cultivo de cogumelos em pequena escala; cogumelos ostra, shiitake e orelha-de-pau.* Fundação Agromisa e CTA ISBN Agromisa 90-8573-038-4: ISBN CTA 92-9081-303-2

Orhan I e Ustun O (2011). Determinação do teor de fenóis totais, atividade antioxidante e inibição da acetilcolina esterase em cogumelos seleccionados da Turquia. J. of Food Compost and Anal. 24:386-390

Ortega GM, Martinez EO, Betancourt D, Gonzalez AE e Otero MA (1992). Bioconversão de resíduos de culturas de cana-de-açúcar com fungos de podridão branca *Pleurotus* species. World J. of Microbiol, and Biotechnol. 8(4): 402-405

Oseni TO, Sikhumbuzo OD, Diana M, Earnshaw e Masarirambi MT (2012).
Efeito dos métodos de pré-tratamento do substrato na produção de *pleuroto (Pleurotus ostreatus}* Int J of Agri and Biol ISSN Print: 1560-8530; ISSN online:1814-9596 11-373/MFA/2012/14-2-251-255
http ://www.fspublishers.org

Paranthaman R., Alagusundaram K e Indhumathi J. (2009). Produção de
Protease de Resíduos de Moagem de Arroz por *Aspergillus niger* em Fermentação em Estado Sólido. Revista Mundial de Ciências Agrárias 5 (3): 308-312, 2009 ISSN 1817-3047

Patrabansh S e Madan M (1997). Estudos sobre o cultivo, eficiência biológica e análise química de *Pleurotus sajor-caju* (Fr) Singer em diferentes bio-resíduos. Ata Biotechnologica, 17:107-122

Patra, A. K, Pani, B. K. (1995). Avaliação da folha de bananeira como uma nova alternativa
substrato à palha de arroz para a cultura de pleurotos. *J Phytol Res* 8:145-148

Patil SS, Ahmed SA, Telang SM e Baig MMV (2010). O valor nutricional de *Pleurotus ostreatus* (Jacq.: Fr.) Kumm cultivado em diferentes agro-resíduos lignocelulósicos. Inovar. Biotecnologia Alimentar Romena. 7:66-76

Pathmashini L, Arulnandhy V e Wijeratnam WRS (2008). Cultivo de *pleuroto (Pleurotus ostreatus}* em serradura. Cey J Sci (Bio Sci) 37(2):177- 182

Petkovsek SAS e Pokorny P (2013). Chumbo e cádmio em cogumelos da vizinhança de duas grandes fontes de emissão na Eslovénia, Sci. of the Total Environ. 443:944-954.

Philippoussis A, Zervakis G e Diamantopoulou P (2000). Potencial para a

cultivo de espécies exóticas de cogumelos através da exploração de resíduos agrícolas mediterrânicos. In: Van Griensven LJLD (ed) Science and Cultivation of Edible Fungi, Balkema, Roterdão

Philippoussis A, Zervakis G I, Diamantpoulou P, Papadopoulou K e Ehaliotis C. (2004).
Utilização de composto de cogumelos usado como substrato para o crescimento de plantas e contra infecções de plantas causadas por *Phytophthora.* Mushroom Science. 16:579584

Pokhrel CP, Yadav RKP e Ohga S (2009). Efeitos de factores físicos e meios sintéticos no crescimento micelial de lyophyllum decastes. J Ecobiotech 1:046-050

Quartey T.E. e Chylková J. (2012). Desafios e oportunidades na gestão de resíduos agrícolas no Gana. Avanços em Ambiente, Biotecnologia e Biomedicina. ISBN: 978-1-6-61804-122-7.

Quartey E.T. (2011). Briquetagem de resíduos agrícolas como fonte de energia no Gana, Investigações recentes em ambiente, planeamento energético e poluição, Actas da 5ª Conferência Internacional da WSEAS sobre Gestão de Resíduos, Poluição da Água, Poluição do Ar, Clima Interior (Wwai '11), Iasi, Roménia 1-3 de julho de 2011; 200-20

Ragunathana R e Swaminathan K (2003). Estado nutricional de *Pleurotus* spp. cultivado em vários resíduos agrícolas. Food Chem 80:371-375. www.elsevier.com/locate/foodchem

Reis F.S, Barros L., Anabela M., e Isabel C.F.R. Ferreira (2 012). Composição química e valor nutricional dos cogumelos cultivados mais apreciados: um estudo comparativo inter-espécies. CIMO-ESA, Instituto Politécnico de Bragança, Campus de Santa Apolónia, Apartado 1172, 5301855 Bragança, Portugal. Escola Superior Agrária, Instituto Politécnico de Bragança, Campus de Santa Apolónia, Apartado 1172, 5301-855 Bragança, Portugal

Ficha de informação sobre o arroz (2017). O Processo de Cultivo e Produção de Arroz. Ricegrowers' Association of Australia.www.rga.org.au (Acedido a 13 GMT de 23 de março de 2017) Ross, A. C., Manson, J. E., Abrams, S. A., Aloia, J. F., Brannon, P. M., Clinton, S. K., e Shapses, S. A. (2011). O relatório de 2011 sobre as doses de referência dietéticas para cálcio e vitamina D do instituto de medicina: o que os médicos precisam de saber. Journal of Clinical Endocrinology & Metabolism, 96(1), 53-58

Royse, D. J., Rhodes, T. W., Ohga, S. e Sanchez, J. E. (2004). Rendimento, tamanho dos cogumelos e tempo de produção de *Pleurotus cornucopiae* (pleuroto) cultivado em substrato de erva de troca, semeado e suplementado a várias taxas. Bioresource Technol. 91: 85-91.

Ryvarden, L., Piearce, G. D e Masuka, A. J. (1994). Uma introdução aos fungos maiores da América Central e do Sul. ISBN 0908311524. Pp 23-30

Sadler M (2003). Propriedades nutricionais dos fungos comestíveis. Br. Nutr. Found Nutr. Bull. 28:305-308

Sannathimmappa, H.G., Gurumurthy, B.R., Jayadeva, H.M., Rajanna, D e Shivanna, M.B (2015). Reciclagem eficaz de palha de arroz através de microbiano
Degradação para aumentar o rendimento de grãos e palha no arroz. J. of Agri, and Vet. Sci. 2319-2372. 8(1):70-73 www.iosrjoumals.org.

Sales-Campos C e Andrade MCN (2011). Utilização de resíduos de madeira para o cultivo do cogumelo comestível *Lentinus strigosus* na Amazônia. Ata Amaz. 41:1-8

Schillaci, D.; Arizza, V.; Gargano, M.L.; Venturella, G. (2013). Atividade antibacteriana de cogumelos ostra do Mediterrâneo, espécies do gênero Pleurotus (Basidiomycetes superiores). Int. J. Med. Mushroom, 15, 591-594.

Semreen MH e Aboul-Enein HY (2011). Determinação do teor de metais pesados em cogumelos selvagens - comestíveis da Jordânia, Anal. Lett. 44:932-941.

Sesli E., Tuzen M. e Soylak M. (2008). Avaliação do teor de metais vestigiais de alguns cogumelos comestíveis selvagens da região do Mar Negro, Turquia, Journal of Hazardous Materials. 160,462-467

Sesli E e Tuzen M (1999). Níveis de oligoelementos nos corpos de frutificação de macrofungos que crescem na região oriental do Mar Negro da Turquia. Food Chem. 65:453460

Silva'ES, Cavallazzi JRP e Muller G (2007). Aplicações biotecnológicas de *Lentinus edodes*. J. Food Agric. Environ. 5(3,4):403-407

Silvestre MD, Lagarda MJ, Farra R, Martineze-Costa C e Brines J (2000). Determinação de cobre, ferro e zinco no leite humano utilizando FAAS com digestão por micro-ondas. Food Chem. 68:95-99

Singh S e Nain L (2014). Microorganismos na conversão de resíduos agrícolas em composto. *Proc Indian Natn Sci Acad* 80 No. 2 junho de 2014 Spl. Sec. pp. 473-481

Sharma RK e Arora DS (2013). Degradação fúngica de resíduos lignocelulósicos: Um aspeto da melhoria da qualidade nutritiva. Crit. Rev. Microbiol. 1549-7828 doi: 10.3109/1040841 X.2013.791247

Sharma S., Kailash R., Yadav, P. e Pokhrel C.P. (2013). Crescimento e rendimento do cogumelo ostra *(Pleurotus ostreatus}* em diferentes substratos. *Jornal sobre novos relatórios biológicos* 2(1): 03-08 (2013). ISSN 2319- 1104 (Online)

Soylak M, Saracoglu S, Tuzen M e Mendli D (2005). Determinação de metais vestigiais em amostras de cogumelos de Kayseri, Turquia. Food Chem. 92:649-652

Stamets P (1993). Growing Gourmet and Medicinal mushrooms, Hong Kong, pp. 259-276

Stamets P (2000). Growing Gourmet and Medicinal Mushrooms, (3rd edition). Ten Speed Press, Berkley, Califórnia pp. 202-205, 311-319

Stamets P (2005). Mycelium Running: How Mushroom Can Help Save the World, p: 574. Ten Speed Press, Berkeley e Toronto

Stamets P (2011). Cultivo de cogumelos gourmet e medicinais: um guia de acompanhamento para o cultivador de cogumelos. Hong Kong: Random House LLC;

Stamets P e Chilton JS (1983). O cultivador de cogumelos: A practical guide for growing mushrooms at home. Agarikon Press, Washington. EUA

Departamento de Informação Estatística e Investigação do Ministério da Alimentação e Agricultura (SRID, MoFA) Gana. (2017). Agricultura no Gana. Factos e números. abril de 2017

Sturion, G. L., & Oetterer, M. (1995). Composição química de cogumelos comestíveis *(Pleurotus* spp) originados de cultivos em diferentes substratos. Ciência e Tecnologia de Alimentos, Campinas, 15(2): 189-193

Sueli, O. S., Sandra, M. G. C., & Edmar, C. (2002). Composição química de *Pleurotuspulmonarious* (Fr.) Quel., substratos e resíduos após o cultivo. Arquivos Brasileiros de Biologia e Tecnologia. 45, 531-535.

Summer MD, Jenkins BM, Hyde PR, Williams JF, Mutters RG, Scardacci SC e Hair MW (2003). "Biomass production and allocation in rice with implications for straw harvesting and utilization", Biomass & Bioenerg. 24: 163-173.

Svoboda L, Kalac P (2003). Contaminação de dois cogumelos comestíveis Agaricus spp. que crescem numa cidade com cádmio, chumbo e mercúrio. Bull. Environ. Contam. Toxicol. 71:123-130.

Syed AA, Kadam JA, Mane VP, Patil SS e. Baig MMV (2009). Eficiência biológica e conteúdo nutricional de *Pleurotus florida* (Mont.) Singer cultivado em diferentes agro-resíduos. Nat. and Sci., 7(1):44 - 48, ISSN 15450740. http://www.sciencepub.net

Terpinc P e Abramovic H (2010) Uma abordagem cinética para a avaliação da atividade antioxidante de ácidos fenólicos seleccionados. Food Chem. 121:366-371

Tesfaw A, Tadesse A, e Kiros G (2015). Otimização do cultivo de cogumelos ostra *(Pleurotus ostreatus}* utilizando substratos e materiais disponíveis localmente em Debre Berhan, Etiópia. J. of Appl. Biol, and Biotechnol. 3 (01):015-doi: 10.7324/JABB.2015.3103

Tripathi S, Singh RN e Sharma S (2013). Emissões da queima de resíduos de culturas/biomassa: risco para a qualidade atmosférica. Int. Res. J. of Earth Sci. l(l):24-30

Tuzen M (2003) Determinação de metais pesados em amostras de solo, cogumelos e plantas por espetrometria de absorção atómica. Micro. Chem. J. 74:289-297

Tuzen M, Ozdemir M, Demirbas A (1998). Estudo de metais pesados em alguns cogumelos cultivados e não cultivados de origem turca. Food Chem. 63 (2):247-251.

Unak P, Lambrecht FY, Biber FZ e Darcan S (2007). Medições de iodo por análise de diluição isotópica em água potável na Turquia Ocidental. J. Radioanalytical Nuclear Chem. 273:649-651.

United States Department of Agricultural Research Service USDA (2017).World Rice Production 2016/2017. https://www.worldriceproduction.com (Acedido às 12:35, 4 de maio[th] , 2017)

Vaz AJ, Barros L, Martins A, Santos-Buelga C, Vasconcelos MN e Ferreira ICFR (2011). Composição química de cogumelos silvestres comestíveis e propriedades antioxidantes das suas fracções polissacarídicas e etanólicas solúveis em água. J. of Food Comp, and Anal. 126:610-616

Visscher HR (1989) Suplementação do substrato para espécies de *Pleurotus* no enchimento. Ciência dos Cogumelos 12 (1): 229-240

Wiafe-Kwagyan M (2014). Bioconversão comparativa de resíduos lignocelulósicos de arroz e suas emendas por dois cogumelos ostra *(espécies Pleurotus)* e o uso do composto de cogumelo gasto como biofertilizante para o cultivo de tomate, pimenta e feijão-caupi. Tese de Doutoramento. Tese, Departamento de Biologia Vegetal e Ambiental, Universidade do Gana, Legon

Wiafe-Kwagyan M, Obodai M, Odamtten GT e Kortei NK (2016). A utilização potencial de lignocelulose de resíduos de arroz e suas alterações como substrato para o cultivo de *Pleurotus eous* Strain P-31 no Gana. Int. J. of Adv. in Pharm. Biol, and Chem. (IJAPBC) 5(2):116-130 ISSN: 2277- 4688 www.ijapbc.com

Organização Mundial de Saúde (OMS) (2013). A OMS emite novas orientações sobre sal e potássio na dieta. Declaração online em 31 de janeiro[st] 2013. Acedido em 21 de junho[st] 2015 (Hora 2:18pm).

Organização Mundial de Saúde (OMS) (1982) Evaluation of certain foods additives and contaminants (Twenty-Six Report of the joint FAO/WHO Experts Committee on Food Additives). Série de Relatórios Técnicos da OMS, n.º 683 Genebra, pp 35-48

Yamag M, Yildiz D, Sankurkcu C, Qelikkollu M e Solak MH (2007). Metais pesados em alguns cogumelos comestíveis da Anatólia Central, Turquia. Food Chem. 103:263-267

Yildiz A, Karakaplan M e Aydin F (1998). Estudos sobre *Pleurotus ostreatus* (Jacq. ex Fr.) Kum. var. *salignus* (Pers, ex Fr.) Konr. Et Maubl.: cultivo, composição proximal, composição orgânica e mineral dos carpóforos. Food Chem. 61:127-130

Zadrazil F, Compare G e Maziero R (2004). Biologia, cultivo e utilização de espécies de *Pleurotus*. In: Romaine CP, Keil CB, Rinker DL et al. (eds) Science and Cultivation of Edible and Medicinal Fungi, Penn State University, Pennsylvania

Zhang YHP (2008). Reavivar a economia dos hidratos de carbono através de biofábricas multiprodutos de lignocelulose. J. Ind. Microbiol. Biotechnol. 35:367-375

I want morebooks!

Buy your books fast and straightforward online - at one of world's fastest growing online book stores! Environmentally sound due to Print-on-Demand technologies.

Buy your books online at
www.morebooks.shop

Compre os seus livros mais rápido e diretamente na internet, em uma das livrarias on-line com o maior crescimento no mundo! Produção que protege o meio ambiente através das tecnologias de impressão sob demanda.

Compre os seus livros on-line em
www.morebooks.shop

Printed by Books on Demand GmbH, Norderstedt / Germany